职业院校电类专业教学用书
低压电工安全操作资格考试教学用书

低压电工作业

胡家炎　主　编

胡　媛　副主编

电子工业出版社
Publishing House of Electronics Industry
北京·BEIJING

内 容 简 介

本书是根据职业院校电类专业教学需求、国家《低压电工作业人员安全技术培训大纲和考核标准》和最新公布的《低压电工作业安全技术实际操作考试标准》的要求而编写的。本书共分为 15 章，包括低压电工的安全基本知识、安全技术基础知识、安全技术专业知识和实际操作技能四部分内容。

本书可作为职业院校电类专业教学用书，也可作为低压电工安全操作资格考试培训教材，以及电工技术培训教材和城乡电工的自学参考用书。

图书在版编目（CIP）数据

低压电工作业 / 胡家炎主编. —北京：电子工业出版社，2020.11
ISBN 978-7-121-39721-9

Ⅰ. ①低…　Ⅱ. ①胡…　Ⅲ. ①低电压－电工技术－技术培训－教材　Ⅳ. ①TM08

中国版本图书馆 CIP 数据核字（2020）第 189270 号

责任编辑：白　楠
印　　刷：三河市华成印务有限公司
装　　订：三河市华成印务有限公司
出版发行：电子工业出版社
　　　　　北京市海淀区万寿路 173 信箱　邮编　100036
开　　本：787×1 092　1/16　印张：11.75　字数：300.8 千字
版　　次：2020 年 11 月第 1 版
印　　次：2024 年 1 月第 8 次印刷
定　　价：31.00 元

凡所购买电子工业出版社图书有缺损问题，请向购买书店调换。若书店售缺，请与本社发行部联系，联系及邮购电话：（010）88254888，88258888。

质量投诉请发邮件至 zlts@phei.com.cn，盗版侵权举报请发邮件至 dbqq@phei.com.cn。

本书咨询联系方式：（010）88254591，bain@phei.com.cn。

前　言

随着国民经济和科学技术的不断发展，电气技术的应用将越来越广泛，从事电工作业的人员也会越来越多，国家对电工作业人员的安全要求也越来越高。为进一步贯彻《中华人民共和国安全生产法》，提高电工作业人员的安全技术水平，编者根据职业院校电类专业教学需求、国家《低压电工作业人员安全技术培训大纲和考核标准》和最新公布的《低压电工作业安全技术实际操作考试标准》的要求编写此书，以适应新时期职业教育人才培养和低压电工安全技术教育工作的需要。

全书共 15 章，重点针对低压电工的安全基本知识、安全技术基础知识、安全技术专业知识和实际操作技能四部分内容进行编写。其中，在低压电工安全基本知识部分，选录了一些与电工作业人员安全生产密切相关的重要的法律法规条文，为电工作业人员提高安全意识、维护自身权益、搞好安全生产工作提供了法律保障。为了满足考核要求和电工作业人员的工作需要，在安全技术专业知识部分，还提供了一系列电动机常用控制电路图、原理说明及试验方法，为读者掌握电气控制设备的维修与调试等提供了理论支持。另外，为满足操作考试要求，本书对《低压电工安全技术实际操作考试标准》要求的实操项目进行了重点阐述，有利于提高读者实操考试成绩；同时，还增加了控制电路板接线规范等内容，为读者掌握合理的接线工艺提供了技术支持。

本书在内容层次安排和比重分配上，体现了了解、掌握、熟练掌握等不同的学习要求，在强调掌握安全技术专业理论知识的同时，突出技能训练，提高读者的动手能力和分析与解决实际问题的能力。为巩固教学成果，掌握重点概念，书中每个章节都设置了思考与练习题；另外，为适应考核的需要，拟定了一定数量考试针对性强的重点内容复习题，为提高读者的考核成绩给予了较好的帮助。

本书可作为职业院校电类专业教学用书，也可作为低压电工安全操作资格考试培训教材，以及电工技术培训教材和城乡电工的自学参考用书。

本书由胡家炎任主编，胡媛任副主编，胡媛还承担了书中图表的绘制与编辑工作。另外，趁此机会对其他关心和支持本书编辑出版工作的热心同志表示诚挚的谢意。由于编者水平有限，书中如有不足之处，敬请各位读者批评指正。

编者

低压电工安全操作资格考试教学学时安排表（供参考）

项　　目		教学内容	在书中的位置	学时
安全技术知识 （88 学时）	安全基本知识 （20 学时）	安全生产知识	第一章	4
		触电事故及现场救护	第二章第一节	4
		防触电技术	第二章第二节	4
		电气防火与防爆	第二章第三节	4
		防雷和防静电	第二章第四节	4
	安全技术 基础知识 （24 学时）	电工基础知识	第三章	8
		电工仪表及测量	第四章	8
		电工安全用具与安全标识	第五章	4
		电工工具及移动式电气设备	第六章	4
	安全技术 专业知识 （40 学时）	低压电气设备	第七章	12
		异步电动机	第八章	8
		电气线路	第九章	8
		照明设备	第十章	8
		电力电容器	第十一章	4
		复　习		2
		考　试		2
实际操作技能 （60 学时）		安全用具的使用	第十二章	20
		安全操作技术	第十三章	16
		作业现场安全隐患排除	第十四章	8
		作业现场应急处置	第十五章	6
		复习与机动		8
		考试		2
合计				148

目　　录

第一章

低压电工安全生产知识

本章学习重点

* 熟悉和理解安全生产相关法律法规。
* 理解我国安全生产方针。
* 掌握电工作业人员的基本要求和安全职责。
* 了解电气安全工作制度及基本措施。

第一节 安全生产法律法规

国家为保障人民群众的生命财产安全，有效遏制从业人员安全事故的发生，制定了以《中华人民共和国安全生产法》为代表的一系列法律法规，从法律上保证了安全生产工作的顺利进行。作为特种作业人员，学习掌握好安全生产方面的法律、法规极为重要。

一、《中华人民共和国安全生产法》

《中华人民共和国安全生产法》（简称《安全生产法》）于2002年6月29日由第九届全国人民代表大会常务委员会通过，自2002年11月1日起施行。2014年8月31日，第十二届全国人民代表大会常务委员会第十次会议通过关于修改《中华人民共和国安全生产法》的决定，自2014年12月1日起施行。2021年又对该法进行再次修订。该法中，与特种作业人员密切相关的主要规定内容介绍如下。

（1）安全生产工作应当以人为本，坚持人民至上、生命至上，把保护人民生命安全摆在首位，树牢安全发展理念，坚持安全第一、预防为主、综合治理的方针，从源头上防范化解重大安全风险。

（2）生产经营单位必须遵守本法和其他有关安全生产的法律、法规，加强安全生产管理，建立、健全全员安全生产责任制和安全生产规章制度，加大对安全生产资金、物质、技术、人员的投入保障力度，改善安全生产条件，加强安全生产标准化、信息化建设，构建安全风险分级管控和隐患排查治理双重预防机制，健全风险防范化解机制，提高安全生产水平，确保安全生产。

（3）生产经营单位的主要负责人是本单位安全生产第一责任人，对本单位的安全生产工作全面负责。其他负责人对职责范围内的安全生产工作负责。

（4）生产经营单位的从业人员有依法获得安全生产保障的权利，并应当依法履行安全生产方面的义务。

（5）生产经营单位应当对从业人员进行安全生产教育和培训，保证从业人员具备必要的安全生产知识，熟悉有关的安全生产规章制度和安全操作规程，掌握本岗位的安全操作技能，了解事故应急处理措施，知悉自身在安全生产方面的权利和义务。未经安全生产教育和培训合格的从业人员，不得上岗作业。

（6）生产经营单位的特种作业人员必须按照国家有关规定经专门的安全作业培训，取得相应资格，方可上岗作业。

（7）生产经营单位应当建立、健全并落实生产安全事故隐患排查治理制度，采取技术、管理措施，及时发现并消除事故隐患。事故隐患排查治理情况应当如实记录，并通过职工大会或者职工代表大会、信息公示栏等方式向从业人员通报。

（8）生产经营单位应当安排用于配备劳动防护用品、进行安全生产培训的经费。

（9）生产经营单位必须依法参加工伤保险，为从业人员缴纳保险费。

（10）生产经营单位不得以任何形式与从业人员订立协议，免除或者减轻其对从业人员因生产安全事故伤亡依法应承担的责任。

（11）从业人员有权对本单位安全生产工作中存在的问题提出批评、检举、控告；有权拒绝违章指挥和强令冒险作业。

（12）从业人员发现直接危及人身安全的紧急情况时，有权停止作业或者在采取可能的应急措施后撤离作业场所。

（13）生产经营单位发生生产安全事故后，应当及时采取措施救治有关人员。因生产安全事故受到损害的从业人员，除依法享有工伤保险外，依照有关民事法律尚有获得赔偿的权利的，有权提出赔偿要求。

（14）从业人员在作业过程中，应当严格落实岗位安全责任，遵守本单位的安全生产规章制度和操作规程，服从管理，正确佩戴和使用劳动防护用品。

（15）从业人员应当接受安全生产教育培训，掌握本职工作所需的安全生产知识，提高安全生产技能，增强事故预防和应急处理能力。

（16）从业人员发现事故隐患或者其他不安全因素，应当立即向现场安全生产管理人员或者本单位负责人报告；接到报告的人员应当及时予以处理。

（17）生产经营单位发生生产安全事故后，事故现场有关人员应当立即报告本单位负责人。

（18）任何单位和个人不得阻挠和干涉对事故的依法调查处理。

（19）生产经营单位与从业人员订立协议，免除或者减轻其对从业人员因生产安全事故伤亡依法应承担的责任的，该协议无效。

（20）生产经营单位的从业人员不落实岗位安全责任，不服从管理，违反安全生产规章制度或者操作规程的，由生产经营单位给予批评教育，依照有关规章制度给予处分；构成犯罪的，依照刑法有关规定追究刑事责任。

二、《中华人民共和国劳动法》

《中华人民共和国劳动法》（简称《劳动法》）于 1994 年 7 月 5 日由第八届全国人民代表大会常务委员会第八次会议通过，自 1995 年 1 月 1 日起施行。2009 年 8 月 27 日，第十一届全国人民代表大会常务委员会第十次会议对部分条款进行了第一次修正，自公布之日起施行。2018 年 12 月 29 日，第十三届全国人民代表大会常务委员会第七次会议对其进行了第二次修正。该法是保障劳动者合法权益的重要法规。特种作业人员应当了解和掌握的主要相关规定介绍如下。

（1）劳动合同是劳动者与用人单位确立劳动关系、明确双方权利和义务的协议。建立劳动关系应当订立劳动合同。

（2）订立和变更劳动合同，应当遵循平等自愿、协商一致的原则，不能违反法律、行政法规的规定。

（3）劳动合同应当以书面形式订立，并具备以下条款：①劳动合同期限；②工作内容；③劳动保护和劳动条件；④劳动报酬；⑤劳动纪律；⑥劳动合同终止的条件；⑦违反劳动合同的责任。劳动合同除规定的必备条款外，当事人可以协商约定其他内容。

（4）劳动合同可以约定试用期，试用期最长不得超过 6 个月。

（5）用人单位应当保证劳动者每周至少休息 1 日。

（6）国家实行劳动者每日工作时间不超过八小时、平均每周工作时间不超过四十四小时的工时制度；对于实行计件工作的劳动者，用人单位应根据工时制度合理确定其劳动定额和计件报酬标准。

用人单位由于生产经营需要，经与工会和劳动者协商后可以延长工作时间，一般每日不得超过一小时；因特殊原因需要延长工作时间的，在保障劳动者身体健康的条件下延长工作时间每日不得超过三小时，但是每月不得超过三十六小时。

（7）有下列情形之一的，劳动者可以随时通知用人单位解除劳动合同：①在试用期内；②用人单位以暴力、威胁或者非法限制人身自由的手段强迫劳动的；③用人单位未按照劳动合同约定支付劳动报酬或者提供劳动条件的。

（8）用人单位必须为劳动者提供符合国家规定的劳动安全卫生条件和必要的劳动防护用品，对从事有职业危害作业的劳动者应当定期进行健康检查。

（9）劳动者在劳动过程中，必须严格遵守安全操作规程。

劳动者对用人单位管理人员违章指挥、强令冒险作业，有权拒绝执行；对危害生命安全和身体健康的行为，有权提出批评、检举和控告。

（10）用人单位必须建立、健全劳动安全卫生制度，严格执行国家劳动安全卫生规程和标准，对劳动者进行劳动安全卫生教育，防止劳动过程中的事故，减少职业危害。

三、《工伤保险条例》

《工伤保险条例》于 2003 年由中华人民共和国国务院发布，自 2004 年 1 月 1 日起施行。2010 年 12 月，国务院对其进行了修订。修订后的《工伤保险条例》自 2011 年 1 月 1 日起施行。

《工伤保险条例》对从业人员享有的工伤保险权利主要有以下规定。

（1）中华人民共和国境内的企业、事业单位、社会团体、民办非企业单位、基金会、律师事务所、会计师事务所等组织和有雇工的个体工商户（以下称用人单位）应当依照本条例规定参加工伤保险，为本单位全部职工或者雇工缴纳工伤保险费。

中华人民共和国境内的企业、事业单位、社会团体、民办非企业单位、基金会、律师事务所、会计师事务所等组织的职工和个体工商户的雇工，均有依照本条例的规定享受工伤保险待遇的权利。

（2）用人单位应当按时缴纳工伤保险费。职工个人不缴纳工伤保险费。用人单位缴纳工伤保险费的数额为本单位职工工资总额乘以单位缴费费率之积。

（3）职工有下列情形之一的，应当认定为工伤：

① 在工作时间和工作场所内，因工作原因受到事故伤害的；

② 工作时间前后在工作场所内，从事与工作有关的预备性或者收尾性工作受到事故伤害的；

③ 在工作时间和工作场所内，因履行工作职责受到暴力等意外伤害的；

④ 患职业病的；

⑤ 因工外出期间，由于工作原因受到伤害或者发生事故下落不明的；

⑥ 在上下班途中，受到非本人主要责任的交通事故或者城市轨道交通、客运轮渡、火车事故伤害的；

⑦ 法律、行政法规规定应当认定为工伤的其他情形。

（4）职工有下列情形之一的，视同工伤：

① 在工作时间和工作岗位，突发疾病死亡或者在 48 小时之内经抢救无效死亡的；

② 在抢险救灾等维护国家利益、公共利益活动中受到伤害的；

③ 职工原在军队服役，因战、因公负伤致残，已取得革命伤残军人证，到用人单位后旧伤复发的。

职工有前款第一项、第二项情形的，按照本条例的有关规定享受工伤保险待遇；职工有前款第三项情形的，按照本条例的有关规定享受除一次性伤残补助金以外的工伤保险待遇。

（5）提出工伤认定申请应提交下列材料：

① 工伤认定申请表；

② 与用人单位存在劳动关系（包括事实劳动关系）的证明材料；

③ 医院诊断证明或者职业病诊断证明书（或者职业病诊断鉴定书）。

工伤认定申请表应当包括事故发生的时间、地点、原因以及职工伤害程度等基本情况。

工伤认定申请人提供材料不完整的，社会保险行政部门应当一次性书面告知工伤认定申请人需要补正的全部材料。申请人按照书面告知要求补正材料后，社会保险行政部门应当受理。

（6）职工发生工伤，经治疗伤情相对稳定后存在残疾、影响劳动能力的，应当进行劳动能力鉴定。

（7）职工因工作遭受事故伤害或者患职业病需要暂停工作接受工伤医疗的，在停工留薪期内，原工资福利待遇不变，由所在单位按月支付。

（8）工伤职工已经评定伤残等级并经劳动能力鉴定委员会确认需要生活护理的，从工伤保险基金按月支付生活护理费。

（9）职工因工死亡，其近亲属按照下列规定从工伤保险基金领取丧葬补助金、供养亲属抚恤金和一次性工亡补助金。

① 丧葬补助金为 6 个月的统筹地区上年度职工月平均工资。

② 供养亲属抚恤金按照职工本人工资的一定比例发给由因工死亡职工生前提供主要生活来源、无劳动能力的亲属。标准为：配偶每月 40%，其他亲属每人每月 30%，孤寡老人或者孤儿每人每月在上述标准的基础上增加 10%。核定的各供养亲属的抚恤金之和不应高于因工死亡职工生前的工资。供养亲属的具体范围由国务院社会保险行政部门规定。

③ 一次性工亡补助金标准为上一年度全国城镇居民人均可支配收入的 20 倍。

（10）职工再次发生工伤，根据规定应当享受伤残津贴的，按照新认定的伤残等级享受伤残津贴待遇。

（11）任何组织和个人对有关工伤保险的违法行为，有权举报。社会保险行政部门对举报应当及时调查，按照规定处理，并为举报人保密。

四、《中华人民共和国消防法》

《中华人民共和国消防法》于 1998 年 4 月 29 日由第九次全国人民代表大会常务委员会第二次会议通过。2008 年 10 月 28 日，第十一届全国人民代表大会常务委员会第五次会议对其进行了修正。2019 年 4 月 23 日，第十三届全国人民代表大会常务委员会第十次会议对其进行了再次修正。2021 年第十三届全国人大常委会第二十八次会议又对该法进行了部分修正。特种作业人员应了解和掌握以下主要相关规定。

（1）任何单位和个人都有维护消防安全、保护消防设施、预防火灾、报告火警的义务。

（2）消防安全重点单位除应当履行本法第十六条规定的职责外，还应当履行下列消防安全职责：

① 确定消防安全管理人，组织实施本单位的消防安全管理工作；

② 建立消防档案，确定消防安全重点部位，设置防火标志，实行严格管理；

③ 实行每日防火巡查，并建立巡查记录；

④ 对职工进行岗前消防安全培训，定期组织消防安全培训和消防演练。

（3）生产、储存、经营易燃易爆危险品的场所不得与居住场所设置在同一建筑物内，并应当与居住场所保持安全距离。

（4）禁止在具有火灾、爆炸危险的场所吸烟、使用明火。因施工等特殊情况需要使用明火作业的，应当按照规定事先办理审批手续，采取相应的消防安全措施；作业人员应当遵守消防安全规定。

（5）生产、储存、运输、销售、使用、销毁易燃易爆危险品，必须执行消防技术标准和管理规定。

（6）任何单位、个人不得损坏、挪用或者擅自拆除、停用消防设施、器材，不得埋压、圈占、遮挡消火栓或者占用防火间距，不得占用、堵塞、封闭疏散通道、安全出口、消防车通道。人员密集场所的门窗不得设置影响逃生和灭火救援的障碍物。

（7）任何人发现火灾都应当立即报警。任何单位、个人都应当无偿为报警提供便利，不得阻拦报警。严禁谎报火警。

（8）住房和城乡建设主管部门、消防救援机构及其工作人员执行职务，应当自觉接受社会和公民的监督。任何单位和个人都有权对住房和城乡建设主管部门、消防救援机构及其工作人员在执法中的违法行为进行检举、控告。收到检举、控告的机关，应当按照职责及时查处。

五、《电力安全事故应急处置和调查处理条例》

《电力安全事故应急处置和调查处理条例》于 2011 年 6 月 15 日由国务院第 159 次常务会议通过，自 2011 年 9 月 1 日起施行。电工作业人员应了解和掌握以下相关规定。

（1）根据电力安全事故（以下简称事故）影响电力系统安全稳定运行或者影响电力（热力）正常供应的程度，事故分为特别重大事故、重大事故、较大事故和一般事故。事故等级划分标准由本条例附表列示。事故等级划分标准的部分项目需要调整的，由国务院电力监管机构提出方案，报国务院批准。

（2）电力企业、电力用户以及其他有关单位和个人，应当遵守电力安全管理规定，落实事故预防措施，防止和避免事故发生。

（3）事故发生后，电力企业和其他有关单位应当按照规定及时、准确报告事故情况，开展应急处置工作，防止事故扩大，减轻事故损害。电力企业应当尽快恢复电力生产、电网运行和电力（热力）正常供应。

（4）任何单位和个人不得阻挠和干涉对事故的报告、应急处置和依法调查处理。

（5）事故发生后，事故现场有关人员应当立即向发电厂、变电站运行值班人员、电力调度机构值班人员或者本企业现场负责人报告。有关人员接到报告后，应当立即向上一级电力调度机构和本企业负责人报告。

（6）事故发生地电力监管机构接到事故报告后，应当立即核实有关情况，向国务院电力监管机构报告；事故造成供电用户停电的，应当同时通报事故发生地县级以上地方人民政府。

对特别重大事故、重大事故，国务院电力监管机构接到事故报告后应当立即报告国务院，并通报国务院安全生产监督管理部门、国务院能源主管部门等有关部门。

（7）事故报告应当包括下列内容：

① 事故发生的时间、地点（区域）以及事故发生单位；

② 已知的电力设备、设施损坏情况，停运的发电（供热）机组数量、电网减供负荷或者发电厂减少出力的数值、停电（停热）范围；

③ 事故原因的初步判断；

④ 事故发生后采取的措施、电网运行方式、发电机组运行状况以及事故控制情况；

⑤ 其他应当报告的情况。

事故报告后出现新情况的，应当及时补报。

（8）事故发生单位和有关人员应当认真吸取事故教训，落实事故防范和整改措施，防止事故再次发生。

六、《安全生产培训管理办法》

现行的《安全生产培训管理办法》经原国家安全生产监督管理总局局长办公会议审议通过，自 2015 年 7 月 1 日起施行。特种作业人员应了解和掌握以下主要相关规定。

（1）安全培训工作实行统一规划、归口管理、分级实施、分类指导、教考分离的原则。

（2）安全培训的机构应当具备从事安全培训工作所需要的条件。

（3）生产经营单位应当建立安全培训管理制度，保障从业人员安全培训所需经费，对从业人员进行与其所从事岗位相应的安全教育培训；从业人员调整工作岗位或者采用新工艺、新技术、新设备、新材料的，应当对其进行专门的安全教育和培训。未经安全教育和培训合格的从业人员，不得上岗作业。

七、《生产经营单位安全培训规定》

现行的《生产经营单位安全培训规定》经原国家安全生产监督管理总局局长办公会议审议通过，自 2015 年 7 月 1 日起施行。特种作业人员应了解和掌握以下主要相关规定。

（1）生产经营单位负责本单位从业人员安全培训工作。

生产经营单位应当按照安全生产法和有关法律、行政法规和本规定，建立健全安全培训工作制度。

（2）生产经营单位应当进行安全培训的从业人员包括主要负责人、安全生产管理人员、特种作业人员和其他作业人员。

生产经营单位从业人员应当接受安全培训，熟悉有关安全生产规章制度和安全操作规程，具备必要的安全生产知识，掌握本岗位的安全操作技能，了解事故应急处理措施，知悉自身在安全生产方面的权利和义务。

未经安全培训合格的从业人员，不得上岗作业。

（3）生产经营单位新上岗的从业人员，岗前安全培训时间不得少于 24 学时。

（4）生产经营单位的特种作业人员，必须按照国家有关法律、法规的规定接受专门的安全培训，经考核合格，取得特种作业操作资格证书后，方可上岗作业。

（5）生产经营单位安排从业人员进行安全培训期间，应当支付工资和必要的费用。

八、《特种作业人员安全技术培训考核管理规定》

现行的《特种作业人员安全技术培训考核管理规定》经原国家安全生产监督管理总局局长办公会议审议通过，自 2015 年 7 月 1 日起施行。特种作业人员应了解和掌握以下主要相关规定。

（1）特种作业人员应当符合下列条件：

① 年满 18 周岁，且不超过国家法定退休年龄；

② 经社区或者县级以上医疗机构体检健康合格，并无妨碍从事相应特种作业的器质性心脏病、癫痫病、美尼尔氏症、眩晕症、癔病、震颤麻痹症、精神病、痴呆症以及其他疾病和生理缺陷；

③ 具有初中及以上文化程度；

④ 具备必要的安全技术知识与技能；

⑤ 相应特种作业规定的其他条件。

（2）特种作业人员必须经专门的安全技术培训并考核合格，取得《中华人民共和国特种作业操作证》（以下简称特种作业操作证）后，方可上岗作业。

（3）特种作业人员的安全技术培训、考核、发证、复审工作实行统一监管、分级实施、教考分离的原则。

（4）特种作业人员应当接受与其所从事的特种作业相应的安全技术理论培训和实际操作培训。

（5）特种作业操作证有效期为 6 年，在全国范围内有效。

（6）特种作业操作证每 3 年复审 1 次。特种作业人员在特种作业操作证有效期内，连续从事本工种 10 年以上，严格遵守有关安全生产法律法规的，经原考核发证机关或者从业所在地考核发证机关同意，特种作业操作证的复审时间可以延长至每 6 年 1 次。

（7）特种作业操作证申请复审或者延期复审前，特种作业人员应当参加必要的安全培训并考试合格。

（8）离开特种作业岗位 6 个月以上的特种作业人员，应当重新进行实际操作考试，经确认合格后方可上岗作业。

（9）特种作业人员在劳动合同期满后变动工作单位的，原工作单位不得以任何理由扣押

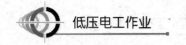
其特种作业操作证。

第二节　安全生产方针

我国的安全生产方针为《安全生产法》中提到的"安全第一、预防为主、综合治理"这十二个字。该方针反映了国家对安全生产的高度重视，明确了安全生产的重要地位，阐明了安全生产的新途径和新规律。电工作业人员必须认真学习、深刻领会该方针的含义，牢固树立安全生产意识。

"安全第一"是要求各级政府和从业人员，在管理和从事生产、经营活动中始终要把安全放在第一位。当安全生产与效益、进度发生冲突时，也必须把安全放在首位，要生产必须保证安全，不具备安全条件就不能生产。

"预防为主"是要求我们在安全生产工作中，要把预防工作做在前面，注重预防事故的发生。因此，我们在工作中一定要遵守安全生产法律法规、单位管理制度和安全技术操作规程，消除麻痹和侥幸心理，防患于未然，将事故消灭在萌芽状态。发现事故隐患要及时处理，即使难以处理，也应及时上报，从而获得上级的支持。

"综合治理"就是要学习运用我国安全生产方面的各项法律法规，综合利用法律、行政、经济等手段，从发展规划、行政管理、安全培训、监管体制等方面齐抓共管，标本兼治；充分发挥社会各界人员的作用，妥善解决和处理好安全生产中出现的各类问题，消除隐患，杜绝后患，使安全生产工作迈向新的台阶。

第三节　电工作业人员的基本要求和安全职责

一、电工作业人员的基本要求

电工作业人员是指对电气设备进行运行、维护、安装、检修、改造、施工、调试等作业的人员。低压电工作业是指从事 1kV 以下工作电压的电工作业。

电工作业人员包括直接从事电工作业的技术工人、工程技术人员及生产管理人员。

根据《特种作业人员安全技术培训考核管理规定》，电工作业人员应符合下列条件：

（1）年满 18 岁，且不超过国家法定退休年龄；

（2）经社区或者县级以上医疗机构体检健康合格，并无妨碍从事相应特种作业的器质性心脏病、癫痫病、美尼尔氏症、眩晕症、癔病、震颤麻痹症、精神病、痴呆症以及其他疾病和生理缺陷；

（3）具有初中及以上文化程度；

（4）具备必要的安全技术知识与技能；

（5）相应特种作业规定的其他条件。

此外，特种作业人员必须经专门的安全技术培训并考核合格，取得《中华人民共和国特种作业操作证》后方可上岗。

电工作业人员必须符合以上条件和满足以上基本要求，方可从事电工作业。新参加电气工作的人员、实习人员和临时参加劳动的人员，必须经过安全知识教育后，方可参加指定的工作，但不得单独工作。

二、电工作业人员的安全职责

电工既是特殊工种，又是危险工种，其作业和工作性质不但关系着人员自身安全，而且还关系着他人和周围设施的安全；另外，由于电工的工作地点分散，且工作性质不专一，不便于跟班检查。因此，电工作业人员必须掌握必要的电气安全技能，必须具备良好的电气安全意识。

电工作业人员应把生产和安全看作是一个整体，充分理解"生产必须安全，安全促进生产"的基本原则，不断提高安全意识。

根据岗位安全职责，电工作业人员应做到以下几点：

（1）严格执行相关法规、安全标准、制度和规程，包括各种电气标准、电气安全规范和验收规范、电气运行管理规程、电气安全操作规程及其他有关规定。

（2）努力学习安全规程、电气专业技术和电气安全技术；参加各项相关安全活动；宣传电气安全；参加安全检查，并提出意见和合理化建议等。

（3）遵守劳动纪律，做好本职工作，认真履行电工岗位安全职责。

（4）正确使用各种电工工具和劳动保护用品，安全地完成各项生产任务。

此外，电工作业人员还应树立良好的职业道德，除前面提到的努力学习、遵守纪律外，还应搞好同事间的互相配合，共同完成生产任务，特别要注意杜绝以电谋私、制造电气故障等违法行为。

培训和考核是电工作业人员提高安全技术水平、获得独立操作能力的基本途径。通过培训和考核，可以最大限度地提高电工作业人员的技术水平和安全意识。

第四节 电气安全工作制度及相关基本措施

一、电气安全工作制度与基本要求

电气安全工作是一项综合性工作，要求很多，归纳起来重点有以下几方面内容。

1. 建立健全各项规章制度

合理的规章制度是保证安全生产的有效措施。规章制度主要有：安全操作规程、电气安装规程、电气运行管理和维护检修制度等。

安全操作规程包括电气设备维修安全操作规程，该规程是保障线路和设备在良好的安全状态下工作的重要条件。

电气运行管理和维护检修制度主要包括岗位责任制度、巡视检查制度、作业验收制度、技术培训制度、工作票制度、作业许可制度、事故处理制度等。在电气安全工作中必须严格执行该类制度，保障电气设备和作业人员的安全。

2. 设置管理机构，配备管理人员

管理机构的设置和管理人员的配备，要根据本部门电气设备的构成与状态、电气运行特

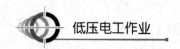

点与操作特点来进行。专职管理人员必须具有强烈的责任心和较高的电气专业水平，并能与电气管理部门密切配合，使电气安全工作有序进行。

3. 进行安全检查

电气安全部门应根据情况进行定期和不定期安全检查。电气安全检查包括检查电气设备的绝缘是否损坏；绝缘电阻是否合格；设备裸露带电部分是否有防护措施；保护接零和保护接地是否正确、可靠；保护装置是否符合要求；安全用具和电气灭火器材是否齐全；电气设备的安装是否合格，安装位置是否合理；制度是否健全等内容。对使用中的电气设备，应定期测定其绝缘电阻，对安全用具、避雷器及其他保护电器也应定期检查测定或进行耐压试验。

4. 加强安全教育与培训

新入职的生产人员、在岗生产人员、从事电工作业的技术人员和生产领导都要接受安全教育与培训。

新入厂的工作人员要经厂、车间、班组三级安全教育。安全教育的主要内容是厂规厂纪、职业道德与素养、职业责任心与团结协作精神及安全用电知识。对于从事电工作业的人员，除参加三级安全教育外，还要参加"特种作业电工安全技术"培训，通过考试取得电工作业人员操作证；对于各级生产领导培训的主要内容是安全生产方针、法律法规、电工作业的主要安全工作规程。

安全教育要做到安全培训与安全技术培训紧密结合起来，法律法规与规章制度紧密结合起来，理论与生产实践紧密结合起来。同时，还要确保该项工作的经常性和实效性。通过安全教育与培训，将企业的电气安全工作提高到新的水平。

5. 组织事故分析

生产单位一旦发生事故要及时组织事故分析。事故分析应深入现场，召开事故座谈会，对电气事故进行多方面、多层次的分析，找出事故原因，吸取事故教训，并制定防止事故发生的措施，避免再次发生类似事故。

6. 建立健全资料档案

安全技术档案是做好安全工作的重要依据，必须注意收集和保存，便于检查和调阅。

安全技术资料主要包括各种技术图纸、技术资料、标准、规程和各种记录资料。各生产单位都应认真做好资料档案管理工作。

二、电气安全的组织措施与技术措施

1. 电气安全的组织措施

根据国家相关法规，保证电工作业安全的组织措施主要有：工作票制度、工作许可制度、工作监护制度和工作间断、转移与终结制度。

（1）工作票制度。

电工作业应填用工作票或按命令执行。工作票有 2 种。第一种工作票用于高压电工作业，在此不做介绍。第二种工作票的适用范围为：带电作业或在带电设备外壳上的工作；在控制屏、低压配电屏、配电箱或电源干线上的工作；在二次接线回路上的工作；无需将高压设备停电的工作；在转动中的发电机、同期调相机的励磁回路或高压电动机转子回路上的工作；非当班值班人员用绝缘棒和电压互感器定相或用钳形电流表测量高压回路的电流。

第二种工作票的格式如下：

第二种工作票

1. 工作负责人（监护人）：

    班组：

    工作人员：

2. 工作任务：

3. 计划工作时间：自　　　年　　月　　日　　时　　分

    至　　　年　　月　　日　　时　　分

4. 工作条件（停电或不停电）：

5. 注意事项（安全措施）：

    工作票签发人签名：

6. 工作许可开始时间：　　　年　　月　　日　　时　　分

    工作许可人（值班员）签名：

    工作负责人签名：

7. 工作结束时间：　　　年　　月　　日　　时　　分

    工作许可人（值班员）签名：

    工作负责人签名：

8. 备注：

工作票应一式两份：一份必须保存在工作地点，由工作负责人收执；另一份由值班员收执，按值移交。在无人值班的设备上工作时，第二份工作票由工作许可人收执。

一个工作负责人只能发一张工作票。工作票上所列的工作地点以一个电气连接部分为限。在几个电气连接部分上，依次进行不停电的同一类型的工作可以发给一张第二种工作票。若到预定时间，一部分工作尚未完成，仍需继续工作而不妨碍送电者，在送电前，应按照送电后现场设备的带电情况办理新的工作票，布置好安全措施后方可继续工作。工作票的有效时间以批准的检修期为限。

还有一种口头或电话命令，用于工作票以外的其他工作。口头或电话命令，必须清楚正确，值班员应将发令人、负责人及工作任务详细记入操作记录本中，并向发令人复诵核对一遍。

（2）工作许可制度。

工作票签发人由车间（分场）或工区（所）熟悉本部门的人员技术水平、设备情况、安全工作规程的生产领导人或技术人员担任。工作票签发人的职责范围为：工作必要性；工作

是否安全；工作票上所填写的安全措施是否正确、完备；所派的工作负责人和工作班人员是否适当和足够，精神状态是否良好等。工作票签发人不得兼任该项工作的工作负责人。

工作负责人（监护人）应由车间（分场）或工区（所）主管生产的领导书面批准。工作负责人可以填写工作票。

工作许可人（值班员）不得签发工作票。工作许可人的职责范围为：负责审查工作票所列安全措施是否正确、完备，是否符合现场条件；工作现场布置的安全措施是否完善；负责检查停电设备有无突然来电的危险。

工作许可人在完成施工现场的安全措施后，还应会同工作负责人到现场检查所做的安全措施，证明检修设备确无电压，向工作负责人指明带电设备的位置和注意事项，同工作负责人分别在工作票上签名。完成上述手续后，工作班方可开始工作。

（3）工作监护制度。

工作许可完成后，工作负责人应向工作班人员交代现场安全措施、带电部位和其他注意事项。工作负责人必须始终在工作现场，认真监护，确保工作班人员的安全，对违反安全规程的操作及时进行纠正。

全部停电时，工作负责人可以参加工作班工作。部分停电时，只有在安全措施可靠、人集中在一个工作地点、不会误碰带电部分的情况下，工作负责人才能参加工作。工作期间，工作负责人因故必须离开工作地点时，应指定能胜任的人员临时代替。离开前应将工作现场交代清楚，并告知工作班人员。原工作负责人返回工作地点时，也应履行同样的交接手续。如工作负责人需要长时间离开现场，应由原工作票签发人变更新工作负责人，两名工作负责人应做好必要的交接。

值班员如发现工作人员违反安全规程或危及工作人员安全的情况，应向工作负责人提出改正意见，必要时可暂时停止工作，并立即向上级报告。

（4）工作间断、转移与终结制度。

工作间断时，工作班人员应从工作现场撤出，所有安全措施保持不动，工作票仍由工作负责人执存。每日收工，将工作票交给值班员。次日复工时，应征得值班员许可，取回工作票，工作负责人必须重新检查安全措施，确定符合工作票要求后，方可工作。

全部工作结束，工作班人员应清扫、整理现场；工作负责人应先仔细检查，待所有工作人员撤离工作地点后，再向值班员讲清所修项目、发现的问题、试验结果和存在的问题等，然后在工作票上写明工作终结时间，经双方签名后，工作票方可终结。

特别要注意：只有在同一停电系统的所有工作票结束，拆除所有接地线、临时遮拦和标示牌，恢复常设遮拦，并得到值班调度员或值班负责人的许可命令后，方可合闸送电。

已结束的工作票，应保存三个月。

2. 电气安全的技术措施

在全部停电或部分停电的电气设备上工作，必须完成停电、验电、装设接地线、悬挂标示牌和装设遮拦后，方可开始工作。

（1）停电。

工作地点必须停电的低压设备主要有：待检修的设备，带电部分在工作人员后面或两侧无可靠安全措施的设备。

（2）验电。

验电时，必须采用电压等级合适且合格的验电器。要在检修设备的进、出线两侧分别验电。

（3）装设接地线。

当验明无电后，应将检修设备接地并三相短路。这是防止突然来电的可靠安全措施。同时，对于设备断开部分的剩余电荷也可通过接地来放尽。

装设接地线必须两人进行。装设时必须先接接地端，后接导体端，并应接触良好。拆接地线的顺序与此相反。装拆接地线应戴绝缘手套。

接地线应用多股软裸铜线，其截面积应符合短路电流要求，但不得小于 $25mm^2$。接地线在每次装设之前，必须仔细检查，禁止使用不合格导线。接地线应用专用线夹固定在导体上，严禁用缠绕的方法进行接地和短路。

（4）悬挂标示牌和装设遮拦。

在工作地点、施工设备和一合闸即可送电到工作地点或施工设备的开关和刀闸的把手上，均应悬挂"禁止合闸，有人工作！"的标示牌。如线路上有人工作，应在线路开关和刀闸把手上悬挂"禁止合闸，线路有人工作！"的标示牌。

三、思考与练习

1. 我国的安全生产方针是什么？

2. 特种作业人员应符合哪些基本条件？

3. 特种作业人员未经过安全技术培训也未取得相应资格证就上岗而造成事故的，应追究什么人的责任？

4. 取得高级电工证的人员是否就可以从事电工作业？

5. 电气设备的日常维护保养应由什么人负责？

低压电工作业安全基本知识

本章学习重点

* 了解触电事故的种类、方式与危害。
* 掌握防止直接触电与间接触电的措施。
* 熟练掌握人身触电的急救方法。
* 掌握电气防火与防爆的措施。
* 了解防雷常识，掌握防雷与防静电的措施。

众所周知，电能的合理应用会给人类造福，但用电不合理将会给人类带来灾难。每年全国因触电伤亡的人数是一个很惊人的数字。因此，电工作业人员掌握安全用电基本知识、做好触电预防和救护工作极为重要。

第一节　触电事故及现场救护

一、电流对人体的伤害

由于人体是一个导体，当电流流过人体时会对人体的内部组织造成伤害，其伤害程度的大小主要与电流大小和通电时间的长短等因素有关。根据电流对人体反应状态的不同，可将触电电流分为感知电流、摆脱电流和室颤电流。

感知电流是电流通过人体时能引起任何感觉的最小电流。一般，成年男性平均感知电流约为 1.1mA，成年女性约为 0.7mA。摆脱电流是指人触电后能够自行摆脱电源的电流。一般，成年男性摆脱电流为 16mA，最小摆脱电流为 9mA；成年女性平均摆脱电流为 10.5mA，最小摆脱电流约为 6mA。室颤电流是在较短时间内能引起心室颤动危及生命的最小电流。一般，流过人体的电流在 30mA 以上就会使人受到不同程度的伤害，达到 50mA 以上就会危及生命。另外，触电伤害程度的大小还与电流频率及路径有关。频率 50～60Hz、左手到前胸的电流路径触电危害性最大。当然，从左手到双脚的路径，电流通过心脏的几率也很大，所以，该电流路径的触电危害性也是很大的。

二、触电的种类和方式

1. 触电的种类

人体的触电分为电击和电伤两大类。

（1）电击。

电击是人体接触带电体后，电流流过人体内部对人体造成的生理机能的伤害。轻者，可使肌肉抽搐、发热、发麻、神经麻痹等；重者，将引起昏迷、窒息，甚至导致心脏停止跳动、血液循环中止而死亡。触电伤亡大部分是由电击造成的。

（2）电伤。

电伤主要是在电流的热效应、化学效应、机械效应及电流本身作用下造成的人体外伤，常见的有灼伤、烙伤和皮肤金属化等。

2. 人体触电方式

（1）单相触电。

所谓单相触电就是人体的一部分接触一相带电体时，另一部分与大地或零线相接，电流从带电体流经人体到大地或零线形成回路的触电。由于人体电阻一般为 $1\sim2k\Omega$，若施加 220V 电压后将产生大于 100mA 的电流，由于该电流远大于安全电流 30mA，因此单相触电是很危险的。但人若站在干燥的绝缘物体上单手操作，就可以避免该种触电的危险。例如，人站在一个绝缘电阻为 $1M\Omega$ 的木板上，此时，即使有 220V 电压施加到人体上，电流也仅为 0.22mA 左右，因此是安全的；反之，若脚下潮湿，绝缘下降，就会产生触电危险。

（2）两相触电。

人体的两个不同部位同时接触两相电源带电体所引起的触电称为两相触电。此时，人体承受的电压是 380V，将比单相触电时的 220V 电压更高，危险性更大。

（3）跨步电压触电。

当高压线断落到地面时，会在导线接地点周围形成强电场，其电位分布以接地点为圆心向周围扩散。其中，接地点电位最高，距离接地点越远电位越低。当人走进这个区域时，两脚跨步之间将存在一个跨步电压，从而导致人产生跨步电压触电。人若误入该种电场圈，应尽量单脚或双脚并拢跳出此电场圈。

（4）悬浮电路触电。

当 220V 的交流电通过变压器的一次绕阻时，与一次绕组相隔的二次绕组上将产生感应电动势，该电动势与大地处于悬浮状态。此时，如果人体接触绕组的一端，不会构成回路，也就不会触电；但如果人体接触绕组的两端时，就会造成触电，该类触电称为悬浮电路触电。

另外，有一些电子电器的金属底板往往是悬浮电路的公共接地点，在维修时，若一只手接触高电位端，另一只手接触金属底板，只要高、低电位差超过安全电压将会造成悬浮电路触电。因此，在检修时应尽量养成单手操作的习惯。

三、触电事故的规律

触电事故的发生是一种突发性现象，但从事故发生率来看，也有一定的规律性。

（1）触电事故的发生有明显的季节性。

根据统计资料，每年二、三季度的触电事故比较多，特别是 $6\sim9$ 月，事故最多。其主要原因是该季节多雨潮湿，电气绝缘性能下降，容易漏电；而且，天气炎热时，人体出汗多导致电阻降低，触电危险性增大。

（2）低压设备触电事故多。

这主要是因为低压设备数量多、分布广、环境复杂，而且缺乏电气安全意识的人也多。但在专业电工中，高压触电事故比低压触电事故多。

（3）农村触电事故比城市多。

（4）移动式、携带式设备触电事故多。主要是这些设备是在人的紧握之下运行的，接触电阻小，保护零线与工作零线容易接错。

（5）电气连接部位触电事故多。由于这些部位机械牢固性差，绝缘强度低，使得触电概率增大。

（6）中、青年及非专业电工触电事故多。

（7）冶金、矿业、建筑、机械等行业触电事故多。

（8）误操作和违章作业触电事故多。这主要是由于这些人安全意识淡薄、专业技术不过硬、安全措施不完备而造成的。

四、触电的现场救护

遵守安全用电规程可以大量减少触电事故，但不可能绝对避免。所以一旦出现触电事故，应及时做好以下救护工作。

1. 使触电者尽快脱离电源

发现有人触电，首要的做法是尽快使触电者脱离电源。脱离电源要根据触电现场的不同情况，采用不同的方法进行。

（1）迅速关断电源，将人从触电处移开。不能关断电源时，如果旁边有干燥的木板，可以站在木板上拉着触电者的衣服使其脱离电源，但不可接触触电者的皮肤。

（2）用干燥的木棒、竹竿或其他绝缘棒将电线从触电者身上挑开。还可在地面与触电者之间塞入一块干燥木板临时隔离电源，再设法关断电源。

（3）救护者身边如有带绝缘柄的刀、斧，可以从电源的来电方向将电线砍断。

（4）如救护者身边有绝缘导线，可先将导线一端接地，将另一端接到触电者接触的带电体的前部，人为造成短路，使熔断器熔断或开关跳闸。

以上措施只适用于低压触电，如出现高压触电，应立即通知有关部门停电，再按高压触电施救方法进行急救。

2. 根据不同情况对症救护

（1）如触电者神志清醒，只是感觉头昏、心悸、出冷汗、恶心，应让其静卧休息，减轻心脏负担。

（2）如触电者神志不清，曾一度昏迷，但已清醒过来，应使触电者静卧休息，不要走动，密切观察，并请医生诊治或送医院治疗。

（3）触电者已失去知觉，但呼吸和心跳尚存，应先使触电者在通风凉爽的地方平卧，可解开其衣服以利呼吸，并速请医生或送医院救治。如发现触电者出现痉挛、呼吸困难等状况，应高度警觉，做好心跳和呼吸停止的施救准备。

（4）如触电者伤势很重，呼吸或心跳停止，或者二者都已停止，应针对不同情况的"假死"现象对症处理。如呼吸停止,用口对口人工呼吸法进行救治;如心跳停止,用胸外心脏按压法进行救治;如呼吸和心跳均已停止,则用心肺复苏法进行抢救,并尽快向医院告急。即使在送去医院途中,也不能终止急救。

3. 口对口人工呼吸法

口对口人工呼吸法是对呼吸停止和呼吸特别微弱的触电者采取的效果最好的施救方法,具体可按以下步骤进行。

(1)使触电者仰卧,解开妨碍呼吸的衣领、上衣、裤带,再使其颈部伸直、头部后仰,掰开口腔,清除口中异物,取下假牙,确保进出人体的气流畅通无阻。准备工作完成后,按图 2-1 所示进行施救。

(a)吹气　　　　　　　　　　　(b)换气

图 2-1　口对口人工呼吸示意图

(2)救护者在触电者头部一侧,一只手捏住触电者的鼻子,另一只手托住其颈部并向上抬,使其头部自然后仰。

(3)救护者深呼吸后,口对口紧贴触电者,向其口内吹气,用时约 2 秒,并观察触电者胸部的隆起程度,掌握合适的吹气量。

(4)吹气完毕,迅速离开触电者的嘴,并松开触电者的鼻孔,让其自行向外呼气,用时约 3 秒。

按照以上的步骤,反复进行,直到触电者能自行呼吸为止。注意:对儿童吹气时不必捏鼻子,防止吹破肺泡,而且吹气、呼气周期应适当缩短。

4. 胸外心脏按压法

对于心脏停止跳动的触电者,需采用胸外心脏按压法进行紧急抢救。其操作示意图如图 2-2 所示。

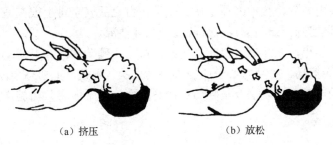

(a)挤压　　　　　　　　　　　(b)放松

图 2-2　胸外心脏按压法示意图

胸外心脏按压法分以下几个步骤进行。

（1）将触电者仰卧置于平整且坚实的地方，救护者跪跨在触电者一侧或腰部两侧。

（2）救护者一只手手掌根部放在触电者心窝上方，中指指尖对准颈根凹堂下缘，另一只手压在那只手的上面呈交叠状，用力垂直向下挤压。对于成人，要使其胸廓下陷3～4厘米，使心室的血液被压出流向全身各部。

（3）按压后双掌迅速放松，让触电者胸腔自动复位，心脏舒张，血液流回心室。放松时，交叠的双掌不必离开胸部，只是不用力而已。挤压频率：成人每分钟80次左右，儿童每分钟100次左右，且对儿童用力要轻一些，以免损坏胸骨。

另外，在做胸外心脏按压操作时，要注意按压位置和姿势必须正确，接触胸部只能用手掌根，用力要对脊柱方向，下压要有节奏，有一定的冲击性，但不能用太大的爆发力，按压时间和放松时间大体相等。

5. 心肺复苏法

如果遇到心跳和呼吸都已停止的触电者，就要利用心肺复苏法进行抢救。抢救最好要两人参与，但必须配合默契。如果只有一人，则要用两种方法交替进行。单人抢救时，每按压15次后吹气2次（15：2），反复进行，（如有伤员按压15次效果不佳，则可改为按压30次）。双人抢救时，每按压5次后，另一人吹气1次（5：1），反复进行直到救活，或经医生确诊死亡为止。抢救过程中的再判定，一般是按压吹气1分钟后，用"看、听、试"的方法在5～7秒内完成对触电者的呼吸和心跳是否恢复的再判定。若判定颈动脉已有脉动但无呼吸，则要暂停胸外按压，再进行2次口对口人工呼吸，接着每5秒吹气1次。如脉搏和呼吸均未恢复，还要继续用心肺复苏法抢救。心肺复苏法尽量在现场就地进行，不要随便移动伤员，如确需移动，抢救中断时间不应超过30秒。对于通过心肺复苏法抢救后心跳、呼吸初步恢复的伤员，应严密监护，做好随时再抢救的准备，还要设法使伤员安静。

五、杆上或高处触电急救

（1）发现杆上或高处有人触电应及时抢救，救护人员登高时应随身携带必要的工具、绝缘用具及牢固的绳索等，并进行紧急呼救。

（2）救护人员应确认触电者已与电源隔离，方能接触伤员进行抢救，还要注意防止发生高空坠落的可能性。

（3）高处抢救要注意以下事项：

① 触电者脱离电源后，救护人员应使其俯卧在自己的安全带上或在适当的地方躺平，保持其气道通畅，并迅速判定伤员的反应、呼吸和循环情况。

② 如伤员呼吸停止，立即口对口吹气2次，再测试颈动脉。如有博动，则继续每5秒吹气1次；如颈动脉无搏动，可用空心拳叩击心前区2次，促使其心脏恢复跳动。

③ 高处发生触电时，应设法及早将伤员送到地面，或采取有效措施送至平台上。

六、思考与练习

1. 一般情况下，人体的允许电流和室颤电流分别是多少？

2. 人体触电的种类和方式各有哪些？

3. 一年的哪几个月中，触电事故发生率最高？

4. 口对口人工呼吸法和胸外心脏按压法的操作要领有哪些？

5. 心肺复苏法在什么情况下采用？操作时要注意哪些问题？

第二节　防触电技术

一、绝缘与常用的绝缘材料

绝缘是预防触电最基本的措施。所谓绝缘就是用绝缘材料将带电体封闭和隔离起来。良好的绝缘是防止触电事故的重要措施，同时也是保证电气设备和线路正常运行的必要条件。绝缘根据材料的不同可分为气体绝缘、液体绝缘和固体绝缘三种。高压线在空中裸体架设，绝缘材料为气体，还有六氟化硫、氮等气体都可作为气体绝缘材料；三相油冷式电力变压器中灌满了变压器油，其绝缘材料为液体，液体绝缘材料有十二烷基苯、硅油等；电力电缆和常用低压电器的绝缘材料一般为固体。

常用的绝缘材料主要有玻璃、云母、橡胶、塑料、胶木、干木材、纸、矿物油等，它们的电阻率很高，一般都在 $10^7\,\Omega\cdot m$ 以上。但绝缘体也不是绝对不导电的，有很多绝缘材料如果受潮，会使绝缘性能降低或丧失而造成漏电。绝缘材料的绝缘性能通常用绝缘电阻表示。不同的设备或电路对绝缘电阻的要求也不一样，但绝缘电阻有些很重要的数据必须牢记，即新装或大修后的低压设备和线路的绝缘电阻在任何情况下都不应低于 0.5MΩ；携带式电气设备的绝缘电阻应不低于 2MΩ；运行中的线路和设备的绝缘电阻要求每 kV 工作电压不低于 1MΩ，在潮湿环境中，该要求可降低为每 kV 工作电压不低于 0.5MΩ。

绝缘材料按其正常运行条件下允许的最高工作温度分为若干等级，称为耐热等级。低压电气设备多选用 E 级绝缘，其极限工作温度为 120℃。电气设备和电气线路的绝缘必须与电路的额定电压和运行条件相适应。电压太高就会使绝缘材料发生击穿现象，绝缘材料发生击穿时的电压称为击穿电压。

绝缘材料主要有电性能、热性能、力学性能、化学性能、吸潮性能等多项性能指标。

绝缘材料的检测包括外观检查和绝缘试验。绝缘试验包括绝缘电阻试验、耐压试验、泄漏电流试验和介质损耗试验。现场一般只做绝缘电阻试验。

绝缘电阻试验包括绝缘电阻测量和吸收比测量。绝缘电阻和吸收比都可用兆欧表测量。其吸收比是从测量开始起，第 60 秒的绝缘电阻值与第 15 秒的绝缘电阻值的比值。一般，绝缘材料受潮后的吸收比接近于 1，干燥时的吸收比大于 1.3。

二、屏护

屏护就是采用屏护装置将带电体与外界隔绝开来。常用的屏护装置有栅栏、遮栏、护罩、护盖等。例如，电器的绝缘外壳、变压器的遮栏、金属网罩、金属外壳等都属于屏护装置。必须注意的是，凡是金属材料制成的屏护装置应妥善接地或接零。栅栏等屏护装置上应有明显的标志，如"止步""高压危险"等。

屏护的作用是防止触电、防止短路和短路火灾、防止机械破坏及便于安全操作。屏护装置有永久性和临时性之分，大部分屏护装置都是永久性的，但在检修工作中使用的临时遮栏

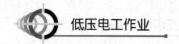

是临时性的。遮栏的高度一般不低于 1.7m；户内栅栏的高度一般不低于 1.2m；户外变电装置的围墙一般不低于 2.5m。

开关电器的可动部分一般不能包裹绝缘材料，而是需要屏护装置，某些裸露的电气设备和线路也需要加装屏护装置。

屏护装置所用的材料应有足够的机械强度和良好的耐火性能。网眼屏护装置的网眼孔大小一般不大于 20mm×20mm～40mm×40mm。

三、安全间距

安全间距就是带电体与地面之间、带电体与带电体之间、带电体与其他设备或设施之间均应保持一定的安全距离。其目的是为了防止人体触及或接近带电体而造成触电，以及防止意外的短路和火灾事故的发生。

安全间距的大小主要取决于电压的高低、设备的运行状况和安装方式。

例如，导线与建筑物的安全间距：当线路电压在 1 000V 以下时，其垂直距离应不小于 2.5m，水平距离不小于 1m；当线路电压为 10kV 时，其垂直距离应不小于 3m，水平距离不小于 1.5m。导线与树木的安全间距：当线路电压在 1 000V 以下时，垂直与水平距离应不小于 1m；当线路电压为 10kV 时，垂直距离应不小于 1.5m，水平距离不小于 2.0m。

低压配电装置安装时，其正面通道的宽度为：单列布置时，应不小于 1.5m；双列布置时，应不小于 2m。背面通道的宽度应不小于 1m，有困难时可减为不小于 0.8m。

在低压检修工作中，人体或其所携带的工具与带电体之间的距离应不小于 0.1m。

电气线路的各项间距应符合有关规程的要求和安装标准：直接埋地电缆的埋设深度应不小于 0.7m；几种线路同杆架设时，应保证高压线在最上方，低压电力线在中间，通信线在最下方；通信线路和低压线路之间的距离不得小于 1.5m，低压线路之间的距离不得小于 0.6m，低压线路与 10kV 高压线路之间的距离不得小于 1.2m。

四、IT 系统、TT 系统、TN 系统的原理及使用范围

电气事故中除了直接触电外，还有相当一部分是属于间接触电。所谓间接触电就是设备或线路出现非正常和意外情况后造成的触电。典型的间接触电是设备外壳带电后引起的触电。防止间接触电的措施很多，其中采用保护接地、保护接零、加强绝缘、电气隔离、安全电压、漏电保护等都是防止间接触电很有效的技术措施。

防止电气设备外壳带电而造成触电伤害的有效措施是采用保护接地与保护接零。我国低压配电系统按电源（电力变压器低压绕组）的中性点是否接地及用电设备外露的可导电部分与大地如何连接，分为 IT 系统、TN 系统与 TT 系统。不同的系统采用不同的保护类型。IT 系统为保护接地；TN 系统为保护接零；TT 系统是有缺陷、存在安全隐患的，一般不提倡使用。

1. IT 系统（保护接地系统）

（1）IT 系统的安全防护原理。

IT 系统的特点是电源（电力变压器低压绕组）中性点不接地，设备外露可导电部分在设备安装处直接接地，其安全防护原理如图 2-3 所示。

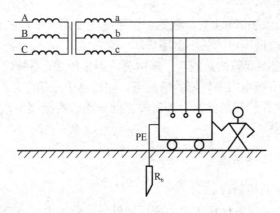

图 2-3　IT 系统安全防护原理图

图中，电气设备如果未采取保护接地的安全措施，当有一相发生碰壳事故时，人员若接触外壳则流经人体的对地电流会远远超过安全电流，必然造成触电伤亡事故。但如电气设备采用了保护接地措施，当一相电源由于绝缘损坏而碰壳时，此时若人员触及带电的设备外壳，因人体的电阻远比接地极的电阻大，大部分电流是流入接地极的，通过人体的电流极其微小，从而保证了人身的安全。

所以保护接地的原理就是利用接地线给人体并联一个小电阻，以保证发生外壳带电故障时，减小通过人体的电流。

（2）IT 系统的接地电阻允许值。

当 IT 系统的设备漏电时，通过人体的电流取决于两个因素：一个是配电网对地电容电流，第二个是接地电阻的大小。

由于低压配电网分布电容较小，因此，只要选取合适的接地电阻，就能将通过人体的电流限制在安全电流以内。实践证明：电源容量在 100kVA 以上时，保护接地电阻不超过 4Ω；电源容量在 100kVA 以下时，保护接地电阻不超过 10Ω，就能符合安全要求。

（3）IT 系统的运行特点。

① 当发生一相接地故障时，接地点电流为非接地的两相线路对地电容电流之和，过电流保护装置不动作。

② 当系统发生单相接地故障时，系统的三个线电压不变，不影响三相设备的正常运行。

③ IT 系统一般不引中性线。

保护接地适用于各种不接地配电网，包括交流不接地配电网和直流不接地配电网。在这类配电网中，凡由于绝缘损坏或其他原因可能出现危险电压的金属部位，除另有规定外都应该接地。

2. TT 系统

TT 系统是低压配电网中的电源中性点已直接接地，用电设备金属外壳也接地的系统。第一个字母"T"表示配电网电源直接接地、第二个字母"T"表示用电设备金属外壳接地。

TT 系统虽能大幅度降低漏电设备外壳的对地电压，但却不能使其降低到安全范围以内。当一相电压碰到外壳时，形成的电流回路要经过两个接地电阻，电流不是太大，短路保护元件还不会动作，而外壳对地还有一半左右的相电压。因此，采用 TT 系统时，应装设能在规定

故障持续时间内切断电源的自动化安全装置。该系统主要用于低压共用用户，即用于未装配电变压器，而从外面引进低压电源的小型用户。

由于 TT 系统是一个不理想的系统，一般情况下不采用 TT 系统。只有在其他防止间接触电的措施实施有困难且土壤电阻率较低的情况下，才可考虑采用 TT 系统。

采用 TT 系统时，被保护设备的所有外露导电部分均应直接接地，系统中还需装设漏电保护装置或过电流保护装置。

3. TN 系统 （保护接零系统）

（1）TN 系统的安全防护原理。

TN 系统的特点是电源（发电机或电力变压器低压绕组）中性点直接接地，负载设备的金属外壳通过保护导线连接到此点的系统。该系统是低压配电网中应用最多的防护方式，其安全防护原理如图 2-4 所示。

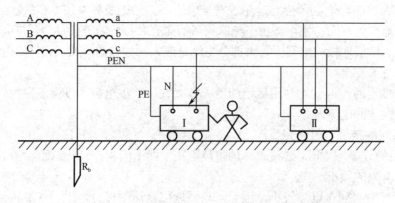

图 2-4　TN 系统的安全防护原理图

上图所示的是 TN 系统中的一种典型系统，称为 TN-C 系统。其特点是保护线 PE 与中性线 N 共用一根线（称为 PEN 线），该线兼有 PE 线和 N 线的双重作用。该系统实际上就是保护接零的三相四线制。另一种典型系统是保护线 PE 和中性线 N 完全分开，称为 TN-S 系统，也叫三相五线制。对于安全要求较高的场所，如居民生活区、建筑工地等，采用 TN-S 系统供电比较好；对于安全条件较好的场所，采用 TN-C 系统供电比较理想。还有一种系统是 TN-C-S系统，该系统的特点是干线部分的前一段保护零线与工作零线共用，后一段保护零线与工作零线分开。

保护接零的原理就是制作一条短路回路，一旦设备外壳出现碰壳事故，可直接通过保护零线形成短路，过大的短路电流会使相线上的熔断器熔断或自动开关跳闸，切断供电电源。因此，TN 系统必须要有可靠的短路保护元件与之配合使用，才能起到有效的保护作用。

（2）TN 系统的使用范围。

保护接零系统用于中性点直接接地的 220/380V 三相四线配电网。在这种配电网中，保护接地系统难以保证充分的安全条件，因此，凡因绝缘损坏而可能出现危险对地电压的金属部分均应接零。

TN-S 系统用于有爆炸危险、火灾危险性较大或安全要求较高的场所。

TN-C 系统可用于无爆炸危险、火灾危险性不大、用电设备较少、用电线路简单且安全条件较好的场所。

TN-C-S 系统宜用于厂内设有总变电站、厂内低压配电的场所及民用楼房。

值得注意的是，在同一建筑物内，如有中性点接地和中性点不接地两种配电方式，则应分别采取保护接零措施和保护接地措施。在这种情况下，允许二者共用一套接地装置。

4. 重复接地

TN 系统中的 PE 线和 PEN 线是非常重要的，一旦 PEN 线断开，设备漏电就无法形成单相短路回路，保护装置不会动作，而且只要有一台设备漏电，会造成后面的设备外壳都带电，因此是非常危险的，必须采取安全防范措施。为了防止出现以上的危险事态，采用重复接地是一种有效的安全防范措施。重复接地就是将 PE 线或 PEN 线通过接地装置与大地再次连接。它是 TN 系统不可缺少的安全措施，其作用有以下几点。

（1）由于并联了接地电阻，从而降低了故障持续时间内漏电设备外壳的对地电压。

（2）减轻 PE 线或 PEN 线断线的危险。

（3）使得单相接地故障电流增大，提高保护装置动作的灵敏度。

（4）改善了架空线路的防雷性能。

重复接地的安全作用示意图如图 2-5 所示。

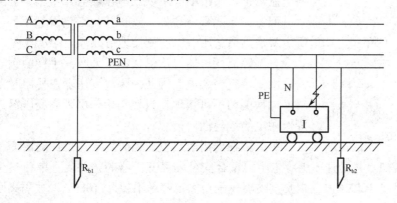

图 2-5　重复接地的安全作用示意图

重复接地时，有几个注意事项必须谨记：

① TN-S 系统的 N 线不能重复接地，否则可能造成漏电保护器误动作。

② 架空线路的重复接地宜在干线和分支终端、沿线路每 1km 处、分支线长度超过 200m 分支处进行。

③ 引入车间及大型建筑物线路的重复接地应在进户处（即第一台配电装置处）进行。

④ 采用金属管配线时，金属管与 PEN 线连接后做重复接地；采用塑料管配线时，另行敷设 PEN 线并做重复接地。

⑤ 重复接地电阻应符合要求：当工作接地电阻不超过 4Ω 时，每处重复接地电阻不得超过 10Ω；当工作接地电阻允许超过 10Ω 时，则重复接地电阻不得超过 30Ω，且不得少于 3 处。

五、电气隔离

采用电气隔离也是防止间接触电的有效措施。电气隔离就是采用隔离变压器，使电气线

路和设备处于悬浮状态，从而减少触电的概率。

隔离变压器是一种变比为 1 的变压器。该变压器的一次侧线圈与二次侧线圈之间、线圈与外壳之间都具有良好的绝缘。电气隔离的原理就是将接地电网转换成小范围的不接地电网，如图 2-6 所示。

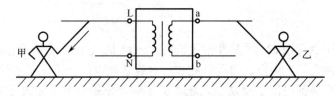

图 2-6　电气隔离的原理图

图中，隔离变压器的一次侧（L、N 端）接在市用电网上，二次侧（a、b 端）供给小容量的电气设备，甲、乙二人各有一只手接触着变压器的带电绕组，分析一下二人遭遇的情况：甲由于接触到电源的相线 L，人站在地上，零线 N 在电源端已经接地，所以此时甲就承受了220V 相电压，必然造成触电；而乙则不同，由于 b 端未接地，尽管 a、b 端同样有 220V 电压输出，但乙却没有承受 220V 相电压，流过乙的电流也只是对地绝缘电阻和分布电容构成的回路电流，该电流很小，所以乙不会触电。

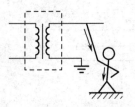

图 2-7　隔离变压器二次侧接地造成危险示意图

但是如果隔离变压器二次侧接地，情况就不同了。如图 2-7 所示就是隔离变压器二次侧接地造成危险的示意图。

只要隔离变压器二次侧接地，人一只手接触到非接地的变压器二次侧，就会触电。因此，隔离变压器在使用时，必须保持独立，二次侧切不可接地。只要正确使用隔离变压器，将会大幅度降低触电的危险性。

另外，在选用隔离变压器时，要注意：隔离变压器必须具有加强绝缘的结构，其温升和绝缘电阻要符合安全隔离变压器的条件，且单相安全隔离变压器额定容量不超过 10kVA，三相安全隔离变压器额定容量不超过 16kVA，被隔离回路的电压不超过 500V。

六、工作接地

工作接地是指配电网在变压器或发电机近处的接地。工作接地的主要作用是减轻各种过电压的危险。当 10kV 系统的高压侧与低压侧发生短路时，如低压侧没有工作接地，则低压系统对地电压将上升到 5 800V 左右；若低压侧有了工作接地，低压系统的对地电压将会得到很大程度的限制。

七、接地装置

1. 接地装置的组成与连接

接地装置由接地体与接地线组成。接地体分为自然接地体和人工接地体。埋设在地下的金属管道、金属井管、与大地有可靠连接的建筑物及其金属结构等都属于自然接地体。人工接地体是采用钢管、角钢、扁钢、圆钢等钢材特意制作而埋入地中的导体。对于埋设在室外地下的接地体，扁钢截面积不得小于 $100mm^2$，圆钢直径不得小于 10mm。

接地装置的连接应符合要求：接地装置的地上部分可采用螺纹连接；螺纹连接应采用防松、防锈措施。接地装置的地下部分必须焊接，焊接不得有虚焊。圆钢搭接长度不得小于圆钢直径的 6 倍，并进行两边施焊；扁钢搭接长度不得小于扁钢宽度的 2 倍，并应三边施焊；交叉焊接处应加焊包板；扁钢与圆管焊接时，应将扁钢弯成圆弧形或直角形，借助圆弧形或直角形与圆管焊接。

利用建筑物的钢结构、起重机轨道、工业管道等自然接地体时，其伸缩缝或接头处应进行跨接。接地线与自然导体采用焊接螺纹连接或其他方式连接时，应考虑防松、防腐措施，并保证连接可靠。

在有腐蚀性的土壤中的接地装置应有防腐措施。接地线与铁路或公路交叉处，应穿管或用角钢保护。

2. 接地电阻的测量

接地质量的好坏主要由接地电阻来判定。一般，接地电阻要求不大于 4Ω，100kVA 以下配电变压器及重复接地的接地电阻不得大于 10Ω。接地电阻一般用接地电阻测量仪测定。接地电阻测量仪主要由自备 $100 \sim 115Hz$ 交流电源和电位差计式测量机构组成。常见的自备电源是手摇发电机，少数也有电子电源。接地电阻测量仪的主要附件是 3 条测量电线和 2 支测量电极。

测量仪上有 C_2、p_2、p_1、C_1 共 4 个接线端子或 E、P、C 共 3 个接线端子。测量时，在离接地体适当的距离往地下打入电流极和电压极；将 C_2、P_2 端并接后或将 E 端接于被测接地体，将 P_1 端或 P 端接于电压极，将 C_1 端或 C 端接于电流极；再选择好倍率，以 120r/min 的转速摇动摇把，同时调节电位器旋钮使仪表指针稳定在中心位置后，就可从刻度盘上读数；将读数乘以倍率就是被测的接地电阻。如测量电极直线排列，为了提高测量的准确性，对于单一垂直接地体，电流极与被测接地体之间的距离取 40m、电压极与接地体之间的距离取 20m 为宜。另外，测接地装置的接地电阻时，必须先将接地线路与被保护的设备断开，方能测得更准确的接地电阻。详细的测量方法与注意事项参见具体的仪器说明书。

3. 接地装置的检查与维修

接地装置要定期进行检查。根据相关法规，接地装置定期检查的周期是：

（1）变、配电站接地装置每年检查一次，并每年在干燥季节测量一次接地电阻；

（2）车间电气设备的接地装置每 2 年检查一次，并每年在干燥季节测量一次接地电阻；

（3）防雷接地装置每年雨季前检查一次，避雷针的接地装置每 $3 \sim 5$ 年测量一次接地电阻；

（4）手持电动工具的接零线或接地线每次使用前进行检查；

（5）腐蚀性土壤内的接地装置每 $3 \sim 5$ 年局部挖开检查一次。

接地装置的检查内容主要有：各部位连接是否牢固，有无松动和严重腐蚀；接零线和接地线有无机械损伤、腐蚀、涂漆脱落；人工接地体周围有无堆放强烈腐蚀性物质；接地电阻是否合格等。检查中发现问题应及时报告、及时维修、妥善处理。

八、保护导体与等电位连接

保护导体仅用于保护，一般情况下它不通过正常回路电流。PE 线是专用的保护导体，而 PEN 线是保护线与工作零线共用的保护导体。保护导体是防止间接触电措施中必不可少的导体，在设置和使用时有以下几个重要问题必须注意。

人工导体应尽量靠近相线敷设，保护导体各部必须连接牢固、接触良好；PE 线和 PEN 线上不应装设单极开关和熔断器；PEN 线（干线）的最小截面积，铜线为 $10mm^2$，铝线为 $16mm^2$，电缆芯线为 $4mm^2$；支线部分保护线用绝缘铜线，有机械保护时的最小截面积为 $2.5mm^2$，无机械保护时的最小截面积为 $4mm^2$；手持电动工具保护线采用 $0.75\sim1.5mm^2$ 多股软铜线；变压器中性点引出的保护导体可直接接向 PE 保护干线；用自然导体作为保护零线时，自然导体与相线之间的距离不得太大；不能仅用电缆的金属包皮作为保护线，而应再敷设一条 20mm×4mm 的扁钢；各设备的保护线不得经设备本身串联，而应单独接向保护线；保护线还应有防机械损伤和化学腐蚀的措施。

等电位连接是指保护导体与用于其他目的的不带电导体之间的连接。主等电位连接导体的最小截面积不得小于最大保护导体的 1/2，且不得小于 $6mm^2$；如采用铜线，应不大于 $25mm^2$。局部等电位连接导体的最小截面积也不得小于相应保护导体的 1/2。两台设备之间等电位连接的保护导体的最小截面积不得小于两台设备保护导体中较小者的截面积。实现等电位环境时，应采取措施防止环境边缘处危险跨步电压、环境内高电位引出和环境外低电位引入的危险。

九、双重绝缘、安全电压与漏电保护

1. 双重绝缘

有很多电气线路或设备，为了加强绝缘性能采用双重绝缘。双重绝缘除了基本绝缘外还有一层保护绝缘。采用双重绝缘的线路或设备，绝缘牢固，不容易损坏，即使工作中绝缘损坏，还有一层保护绝缘，不至于基本绝缘损坏后立即引起触电事故。凡是采用双重绝缘的设备，可不再进行接地或接零。从安全出发，一般场所使用的Ⅱ类手持电动工具就是采用双重绝缘的用电设备。

2. 安全电压

安全电压又叫安全特低电压。根据欧姆定律，只要把加在人身上的电压限制在某一范围内，就使得在这种电压下，流过人体的电流不超过允许的范围。但必须注意的是，不要把安全电压认为是绝对没有危险的电压。

（1）安全电压限值。

所谓安全电压限值就是在任何运行状态下，允许存在两个可同时触及的可导电部分间的最高电压值。我国标准规定，安全电压限值为工频有效值 50V，直流电压的限值为 120V。该限值是根据人体允许通过电流 30mA 和人体电阻约 1 700Ω 的条件确定的。

（2）安全电压额定值。

我国相关标准规定，安全电压工频有效值的额定值有 6V、12V、24V、36V、42V。环境不同，选择的安全电压额定值也不同。在特别危险的环境中使用的手持电动工具，应采用 42V

安全电压；对于一般的生产车间，应采用 36V 安全电压；在有电击危险的环境中使用的手持照明灯、金属容器内和矿井、隧道等场所应采用 12V 安全电压；水下作业等场所，应采用 6V 安全电压。当电气设备采用 24V 以上安全电压时，必须采取直接接触电击的防护措施。通常所讲的Ⅲ类设备就是工作电压采用安全电压的设备。

3. 漏电保护

漏电保护是防止间接触电与直接触电的一项主要措施。漏电保护装置又称漏电保护器或剩余电流保护器（RCD），也用于防止漏电火灾及监视一相接地故障。漏电保护器有电压型、电流型两类。

（1）漏电保护器原理。

漏电保护器又称漏电开关，是漏电保护的基本元件，具有单相、三相之分。单相漏电保护器大部分都属于电流型。它跟过电流保护元件的区别主要是单相接地故障有时比较小，过电流保护元件难以识别，不能可靠断开电源，而漏电保护器可以合理整定漏电保护器的动作电流，只要漏电流超过人体的安全电流，就切断电源，起到有效的漏电保护作用。

漏电保护器的检测元件是零序电流互感器。

单相漏电保护器，如果某处有漏电发生，流过相线和 N 线的电流就不相等，检测元件就能检测到剩余电流，将信号进行放大、比较，再通过执行元件驱动开关跳闸。

三相四线漏电保护器内部也有一个零序电流互感器，只要接线正确，在电路正常时，零序电流互感器二次侧绕组没有输出，断路器不跳闸；当发生漏电故障或操作者触及带电体时，由于主电路中三相四线电流的相量和不为零，所以在零序电流互感器的环形铁芯中就产生磁通，从而在零序电流互感器二次侧绕组中产生感应电压，当故障电流达到预定值时，二次侧绕组中的感应电压使脱扣器线圈励磁，将主开关跳闸，起到漏电保护作用。

从漏电保护器原理可知，不管是单相还是三相漏电保护器，在安装接线时，都必须把零线 N 可靠接入漏电保护器内，否则即使出现严重漏电故障，保护器也不会可靠动作。搞清楚这一点非常重要，因为社会上这一类案例出现过不少：表面上看起来装了漏电保护器，但只接了三个相线，而零线 N 未接入，导致触电事故发生时漏电保护器未动作。

（2）漏电保护器动作电流的选取。

合理整定漏电保护器的动作电流，是减少触电伤害的重要措施之一。漏电保护器动作电流的选取根据其环境场所的不同而各有差异：

① 手握式用电设备为 15mA；

② 恶劣环境或非常潮湿场所的用电设备为 6～10mA；

③ 建筑施工工地的用电设备为 15～30mA；

④ 医疗电气设备为 6mA；

⑤ 家用电器回路为 30mA；

⑥ 成套开关柜、分/配电屏等为 100mA 及以上；

⑦ 防止电气火灾为 300mA。

其中，30mA 及以下的属于高灵敏度，主要用于防止各种人体触电事故；30～1 000mA 的属于中灵敏度，主要用于防止触电事故及漏电火灾；1 000mA 以上属于低灵敏度，主要用于防止漏电火灾和监视一相接地事故。

（3）漏电保护器使用注意事项。

① 安装前必须仔细检查漏电保护器的额定电压、额定电流、漏电动作电流、漏电动作时间等是否符合要求，且接线时应分清相线和零线，严格按图正确接线。

② 对带有短路保护的漏电保护器，在分断短路电流时，位于电源侧的排气孔有电弧喷出，故应在安装时保证电弧喷出方向有足够的飞弧距离。

③ 漏电保护器的安装尽量远离其他铁磁体和电流很大的载流导体。

④ 漏电保护器后面的工作零线不能重复接地。

⑤ 工作零线不能就近接线，单相负荷不能在漏电保护器两端跨越。

⑥ 漏电保护器安装后应进行试验，其中，试验按钮试验 3 次均应正确动作，带负荷开关试验 3 次不应误动作，每相分别用 4kΩ 试验电阻接地试跳，应可靠动作。

⑦ 使用中的漏电保护器，电工每月应至少对漏电保护器用试验按钮试跳一次，雷雨季节需增加试验次数；停用的漏电保护器在使用前应试验一次。

⑧ 严禁私自拆除漏电保护器或强迫送电。

另外，漏电保护器动作电流整定时，还要考虑电路正常泄漏电流的影响，其额定不动作电流不应小于正常泄漏电流的 2 倍，且不得低于额定动作电流的 1/2 倍。

十、思考与练习

1. 普通低压电气设备和携带式低压电气设备的绝缘电阻最小值各为多少？
2. IT 系统、TT 系统、TN 系统的特点分别是什么？
3. 隔离变压器起什么作用？其二次侧能否接地？
4. 接地装置由哪些部件组成？其作用是什么？
5. 安全电压的限值是多少？我国安全电压有哪些等级？
6. 高灵敏漏电保护器的整定电流不超过多少？PE 线和 PEN 线能否经过漏电保护器？
7. 我国常用的漏电保护器是电压型还是电流型？其工作电压不超过多少？

第三节　电气防火与防爆

电气火灾与爆炸在电气事故中占有很大的比例，而且其危害是巨大的。因此，做好电气防火与防爆的安全工作是非常重要的。

一、电气火灾与爆炸的原因

（一）引发电气火灾的原因

必须先搞清楚引起电气火灾的主要原因，才能做好有效的电气防火安全工作。电气火灾主要是由电气设备或线路过热、电火花、电弧引起的。

1. 电气设备或线路过热

引起电气设备或线路过热的主要原因有以下几种。

（1）短路。

由于线路发生短路时，电流会几倍甚至几十倍增加，如短路保护元件动作时间达不到要求，便使得温度急剧上升。当温度达到可燃物的燃点，必然会引起火灾。

引起短路的主要原因有：电气设备或线路的绝缘老化变质，或受高温、潮湿和腐蚀性物质的作用而失去绝缘能力；设备安装不当使电气设备的绝缘破损；在安装检修过程中，操作失误造成碰线或碰壳；在雷击等过电压的作用下使电气设备的绝缘遭到破坏而形成短路。因此，在电气运行过程中预防短路故障的发生是主要的电气预防项目。

（2）过载。

过载即电流超过设备的额定电流。过载必然会引起过热，即温度升高。引起过载的主要原因是设计时选用的设备或线路不合理，从而在额定负载下产生过热现象；其次是使用不合理，即线路或设备的负载超过额定值，或者超时运行，超过设备或线路的承受能力而引起过热。

（3）接触不良。

导线接头连接不牢固、焊接不良、接头处混有杂质、活动触头压力不足、接线螺丝松动、导电接合面锈钝等都将导致接触电阻增加，使接触面过热、温度升高。

（4）散热不良。

电气设备的散热通风措施受到破坏，必然会导致设备过热。还有一些直接利用热源的电气设备，如电炉和工作温度较高的碘钨灯等，若安置或使用不当均可能因散热不良而引起火灾。

（5）铁芯发热。

变压器、电动机等大型电气设备的铁芯，若设计的截面积过小、铁芯绝缘损坏或长时间过电压，都将导致磁滞损耗和涡流损耗增加，从而使设备过热。

2. 电火花和电弧

电火花是电极间的击穿放电现象，大量的电火花汇集便形成电弧。电火花和电弧会产生数千度的高温，在易燃易爆场所是最危险的引燃源。电火花分为工作火花和事故火花两类。

工作火花是指电气设备正常工作时产生的火花。例如，电气触点闭合和断开过程、直流电动机电刷与整流子滑动接触处、插销拔出和插入时产生的火花都属于工作火花。

事故火花是设备或线路故障时出现的火花。例如，发生短路或接地时出现的火花、绝缘损坏时出现的火花、过电压放电火花、静电火花及检修工作中误操作而引起的火花都属于事故火花。

无论是工作火花还是事故火花，在防火防爆环境中都应受到限制和避免。

（二）引发爆炸的主要原因

（1）周围空间环境有爆炸性混合物，在危险温度或电火花作用下引起空间爆炸。

（2）充油设备的绝缘油在电弧作用下分解和气化，喷出大量油雾和可燃气体，引起空间爆炸。

（3）发电机氢冷装置漏气、酸性蓄电池排出氢气等，形成爆炸性混合物，引起空间爆炸。

二、电气防火与防爆措施

（一）电气防火安全措施

电气防火安全措施主要是针对设备过热、电火花和电弧的危害而采取的一系列防范措施，重点从以下几个方面来考虑。

1. 电气设备

（1）电气设备的额定功率一定要大于负载的额定功率，并且要设置可靠的短路和过载保护装置。

（2）电气设备所用导线的截面积允许电流要大于负载电流，且留有一定的裕量。

（3）电气设备的绝缘要符合安全要求。

（4）配电箱、开关箱、电气元件之间的距离应符合电气规范，电气设备的安装要符合一定的安全距离。

（5）配电箱和开关箱的材质要选用铁板或优质绝缘材料，不得采用木质材料。

（6）电气设备的活动触头和不可卸触头都要保持接触良好。

（7）电气设备和线路周围严禁堆放易燃、易爆物质，不得在电气设备旁使用火源。

（8）加强电气设备的日常维护和保养工作。

2. 照明灯具及附件

照明灯具应完整、无损伤、附件齐全。普通灯具要有安全认证标志。架设的照明灯具要距离易燃物 30cm 以上，固定架设高度应符合灯具安装要求。

3. 开关、插座

开关与插座中不同极性的带电部件间要有合理的电气间隙和爬电距离。开关、插座、接线盒及塑料绝缘材料应具有阻燃性能。油库的拉线开关应装于库门外。

4. 电线、电缆

要选用正规厂家生产的电线、电缆，而且必须要有安全认证标志；常用的 BV 型绝缘电线的绝缘厚度不小于规定值，截面积误差不应超过允许值。

5. 灭火器具

在配电房、变压器房、柴油机房及用电设备较集中的地方要配备足够数量的灭火器具。

（二）防爆安全措施

电气爆炸与电气火灾有直接联系，因此，除了做好防火安全措施外，还要根据不同的危险环境从以下几个方面做好防爆安全措施。

1. 防爆电气设备的选用

防爆电气设备的选用，应根据安装地点的危险等级、危险物质的组别和级别、电气设备的使用条件来综合考虑。所选用的电气设备的组别和级别不应低于该环境中危险物质的组别和级别。当存在两个以上危险物质时，应按危险程度高的危险物质选用防爆电气设备。

在爆炸危险环境中，应尽量不用或少用携带式电气设备，还应尽量少安装插座。

2. 防爆电气线路

在爆炸危险环境和火灾危险环境中，电气线路的安装位置、敷设方式、导线材质、连接方法等均应与区域危险等级相适应。

（1）爆炸危险环境的电气线路应敷设在爆炸危险性小或距离释放源较远的位置。一般，电气线路宜沿有爆炸危险的建筑物的外墙敷设。当爆炸危险气体比空气重时，电气线路应在高处敷设，电缆可直接埋地敷设或电缆沟充砂敷设。

（2）10kV 及以下的架空线路不得跨越爆炸危险环境；当架空线路与爆炸危险线路临近时，其间距不得小于杆塔高度的 1.5 倍。

（3）爆炸危险环境的电气线路宜采用钢管配线和电缆配线。固定敷设的电力电缆应采用铠装电缆。采用非铠装电缆应考虑机械防护。对于非固定敷设的电缆应采用非燃性橡胶防护套电缆。

（4）在正常运行可能出现爆炸性气体混合物的环境和连续出现爆炸性粉尘的环境中，所有电气线路应采用截面积不小于 $2.5mm^2$ 的铜芯导线；一般危险区域的电气线路应采用截面积不小于 $1.5mm^2$ 的铜芯导线或截面积 $4mm^2$ 的铝芯导线。

（5）爆炸危险环境宜采用交联聚乙烯、聚乙烯、聚氯乙烯或合成橡胶绝缘及有护套的电线。爆炸危险环境所用的电缆宜采用有耐热、阻燃、耐腐蚀绝缘的电缆，不宜采用油浸纸绝缘电缆。

（6）在爆炸危险环境中，低压电力及照明线路所用电线和电缆的额定电压不得低于工作电压，并不得低于 500V。工作零线应与相线有同样的绝缘能力，并应在同一护套内。

（7）爆炸危险环境中，电气配线与电气设备的连接必须符合防爆要求。常用的有压盘式和压紧螺母式引入装置；连接处应用密封圈密封或浇封。采用铝芯导线时，必须采用压接或熔焊；铜铝连接处必须采用铜铝过渡接头。电缆线路不应有中间接头。采用钢管配线时，螺纹连接不得少于 6 扣。钢管连接的螺纹部分应涂以铅油或磷化膏。

（8）导线允许载流量不应小于熔断器熔体额定电流和断路器长延时过电流脱扣器整定电流的 1.25 倍或电动机额定电流的 1.25 倍。高压线路应按短路电流进行热稳定校验。

（9）敷设电气线路的沟道及保护管、电缆或钢管在穿过爆炸危险环境等级不同的区域之间的隔墙或楼板时，应用非燃性材料严密堵塞。

（三）防爆安全技术

1. 消除或减少爆炸性混合物

消除或减少爆炸性混合物包括采取封闭式作业，防止爆炸性混合物泄漏；清理现场积尘，

防止爆炸性混合物积累；防止爆炸性混合物侵入有引燃源的区域；在危险空间充填惰性气体或不活泼气体。

2. 采用隔离措施

对于危险性大的设备应分室安装，并在隔墙上采取封堵措施，防止爆炸性混合物进入。对于火灾或爆炸性危险较大的环境，应采用防爆隔墙或隔板。10kV 及以下的变、配电室不宜设在爆炸危险环境或火灾危险环境的正上方或正下方；与爆炸危险环境或火灾危险环境相邻时，最多只能有两面墙与危险环境共用。

为了防止电火花或危险温度引起火灾或爆炸，开关、插销、熔断器、电热器具、照明器具、电焊设备等应根据需要适当避开易燃物或易燃建筑构件。

3. 消除引燃源

消除引燃源主要包括以下措施。

（1）按爆炸危险环境的特征和危险物的级别、组别选用电气设备和设计线路。

（2）保持电气设备和电气线路安全运行。安全运行包括电流、电压和温度不超过允许范围，还包括绝缘良好、连接和接触良好、整体完好无损、标志清晰等。在爆炸危险环境，一般情况下不做电气测量工作。

4. 接地（或接零）措施

由于爆炸危险环境的接地（或接零）要求高，应注意以下几点。

（1）在爆炸危险环境中使用的电气设备，均应接地（或接零），并将所有不带电的金属构件做等电位连接。

（2）在爆炸危险环境，如低压由接地系统配电，则不应采用 TN-C 系统，应采用 TN-S 系统，即工作零线和保护零线分开。保护导线的最小截面积：铜导线不小于 $4mm^2$，钢导线不小于 $6mm^2$。

（3）若低压由不接地系统配电，应采用 IT 系统，并装设自动断电保护装置，或装设能发出声、光双重信号的报警装置。

三、防爆场所及防爆电气设备的识别

（一）防爆场所的识别

防爆场所是指存在爆炸危险的场所。防爆场所主要有以下几个环境。

1. 气体、蒸汽爆炸危险环境

气体、蒸汽爆炸危险环境分为 0 区、1 区、2 区。

0 区即 0 级危险区域，是指正常运行时，连续出现或长时间出现爆炸性气体、蒸汽或薄雾的区域。该区域主要是具有危险物质的封闭空间，如密闭容器内部空间、固定顶液体储罐内部空间等。

1 区即 1 级危险区域，是指正常运行时，预计周期性出现或偶然出现爆炸性气体、蒸汽或薄雾的区域。

2 区即 2 级危险区域，是指正常运行时不出现，即使出现也只是短时间偶然出现爆炸性气体、蒸汽或薄雾的区域。

爆炸危险区域的级别主要受释放源特征和通风条件的影响。良好的通风可降低爆炸危险区域的范围和级别。

2. 粉尘、纤维爆炸危险环境

根据爆炸性混合物出现的频繁程度和持续时间，将粉尘、纤维爆炸危险环境分为 10 区和 11 区。

10 区即 10 级危险区域，是指正常运行时连续或长时间出现爆炸粉尘、纤维的区域。

11 区即 11 级危险区域，是指正常运行时不出现，仅在不正常运行时偶然出现爆炸性粉尘、纤维的区域。

爆炸危险区域的划分应按爆炸性粉尘的数量、爆炸极限和通风条件来确定。

3. 火灾危险环境

火灾危险环境分为 21 区、22 区和 23 区。

21 区是具有闪点高于环境温度的可燃液体，在数量和配置上能引起火灾危险的环境。

22 区是具有悬浮状、堆积状的可燃粉尘或可燃纤维，在数量和配置上能引起火灾危险的环境。

23 区是具有固体可燃物质，在数量和配置上能引起火灾危险的环境。

（二）防爆电气设备的识别

爆炸危险环境中使用的电气设备，在结构上应能防止由于在使用中产生电火花、电弧或危险温度而成为安装场所爆炸性混合物的引燃源。防爆电气设备很多，而各种防爆电气设备有如下类型特征：①防爆型；②增安型；③充油型；④充砂型；⑤本质安全型；⑥正压型；⑦无火花型；⑧特殊型。

各类防爆电气设备均应根据不同的环境合理选用；设备外壳的明显处须设置清晰的永久性凸纹标志，同时还应设置铭牌，并可靠固定。

由于防爆电气设备的特殊性，选用时要注意以下几个原则。

（1）电气设备的种类和防爆结构的要求要与爆炸危险区域相适应。

（2）选用的防爆电气设备的级别与组别不应低于该爆炸性气体环境内爆炸性气体混合物的级别和组别。如存在两种及以上爆炸性气体混合物时应按危险程度较高的物质的级别和组别来选用防爆电气设备。

（3）爆炸危险区域内的电气设备还应符合周围环境化学、机械、热、霉菌等不同条件对电气设备的要求。

防爆电气设备的选型可参照防爆电气设备的有关规定与生产企业的产品说明。另外，在爆炸危险环境，应尽量少用或不用携带式电气设备，还应尽量少安装插座。

四、电气火灾的扑救

扑救电气火灾时，既要防止扑救人员触电，还要防止充油电气设备可能发生的喷油和爆炸造成火势蔓延。因此，灭火时应注意以下几个问题。

1. 先断电，后灭火

若火灾现场尚未停电，应设法先切断电源。断电时先切断负荷，切忌在忙乱中带负荷拉闸；应在电源侧的电线支持点附近剪断电线，防止电线断落下来造成电击和短路；切断电线时，应在错开的位置切断不同相的电线，防止切断时发生短路。

2. 带电灭火的安全要求

一旦出现电气火灾，应迅速、及时扑灭。在电气火灾扑灭过程中，应注意防止触电。为防止触电应注意：不得用泡沫灭火器带电灭火；带电灭火应采用干粉、二氧化碳、1211 等灭火器；人及所带器材与带电体之间应保持足够的安全距离；对架空线路等进行空中灭火时，人与带电体之间的仰角不应超过 45°；如带电导线落地，应在落地点周围画出半径 8～10m 的警戒圈，防止跨步电压触电。

3. 充油设备灭火

充油设备外部着火时，可用干粉等灭火器灭火。如火势较大应切断电源，并可用水灭火。充油设备内部着火时，除切断电源外，建有事故储油坑的应设法将油放进储油坑，坑内和地面上的油火可用干砂或泡沫灭火器灭火，但不得用水喷射。同时，还要注意防止燃烧的油流入电缆沟而顺沟蔓延。电缆沟内的油火可用泡沫灭火器扑灭。

4. 常用灭火器材的使用与注意事项

（1）用水枪灭火时，宜采用喷雾水枪。用普通直流水枪灭火时，应将喷嘴接地，或戴绝缘手套和穿绝缘鞋。

（2）使用手提式干粉灭火器时，一只手握住喷嘴，另一只手向上提起提环，干粉即可喷出。使用手轮式二氧化碳灭火器时，应手握提把，翘起喷嘴，打开启闭阀即可。使用鸭嘴式二氧化碳灭火器时，用右手拔出鸭嘴式开关的保险销，握住喷嘴根部，左手按压鸭嘴，二氧化碳即可喷出。操作时一定要注要安全。

五、思考与练习

1. 电气设备过热的主要原因有哪些？
2. 事故火花与工作火花有什么区别？
3. 防爆安全技术有哪几种？
4. 带电灭火有哪些主要注意事项？

第四节　防雷和防静电

一、雷电的危害及防护

雷电与静电有很多相似之处，其主要危害都是会引起火灾与爆炸。雷电的破坏主要有电性质、热性质、机械性质等的破坏。闪电和雷鸣是大气层中强烈的放电现象，是一种自然灾害。雷电分为直击雷、感应雷、球形雷和雷电侵入波等。

（一）防雷装置

防雷装置有避雷针、避雷线、避雷网、避雷带、避雷器等。其中，避雷针、避雷带、避雷网等是防止直击雷的主要措施，主要用于建筑物的防雷；避雷线可用于架空线路的防雷；避雷器用于防护雷电侵入波等造成的过电压，主要用来保护电力设备。正常情况下，避雷器内部处于绝缘状态，在雷电过电压作用下，则呈现低电阻状态，泄放雷电流。阀型避雷器主要用于配电线路和设备的防雷保护。防雷接地装置是向大地泄放雷电流的装置。为防止跨步电压伤人，要求防雷接地装置距离建筑物出入口和人行道的距离应不小于 3m，距电气设备装置要在 5m 以上。有雷电时，禁止在屋外进行高压检修作业。

用于防护直击雷的防雷装置由接闪器、引下线和接地装置三个部分组成。

1. 接闪器

接闪器的作用是将雷电引向自身，接受雷击放电。因此，接闪器应装在被保护物的高处或被保护线路上。避雷针、避雷线、避雷网和避雷带都可以作为接闪器。

（1）避雷针。

避雷针一般用镀锌圆钢或镀锌焊接钢管制成，其长度在 1.5m 以上时，圆钢直径不得小于 16mm，钢管直径不得小于 25mm，管壁厚度不得小于 2.75mm。当避雷针长度在 3m 以上时，可将粗细不同的几节钢管焊接起来使用。避雷针下端要经引下线与接地装置焊接相连。如采用圆钢，引下线直径不得小于 8mm；如采用扁钢，其厚度不得小于 4mm，截面积不得小于 $48mm^2$。

（2）避雷线、避雷网和避雷带。

避雷线一般采用截面积不小于 $35mm^2$ 的镀锌钢绞线，沿架空线路顶端架设。避雷带和避雷网采用镀锌圆钢或扁钢，圆钢直径不得小于 8mm，扁钢厚度不得小于 4mm，截面积不得小于 $48mm^2$。装在烟囱上方时，圆钢直径不得小于 12mm，扁钢厚度不得小于 4mm，截面积不得小于 $100mm^2$。

2. 引下线

防雷装置的引下线应满足机械强度、耐腐蚀和热稳定性的要求。引下线一般采用圆钢或扁钢，如用钢绞线，其截面积不得小于 $25mm^2$。

引下线应沿建筑物外墙敷设，并经短途径接地；建筑物有特殊要求时可以暗设，但引下线截面积应加大。在易受机械损坏的地方，地面上 1.7m 至地面下 0.3m 的一段引下线和接地

线应加角钢和钢管保护。采用角钢或钢管保护时，应与引下线连接起来，以减少通过雷电流时的阻抗。互相连接的避雷针、避雷带、避雷网或金属屋面的接地引下线，一般不少于两根。

3. 接地装置

接地装置的作用是向大地泄放雷电流，同时限制防雷装置对地电压，使之不至于过高。接地装置采用圆钢时，直径不得小于10mm，扁钢厚度不得小于4mm，钢管壁厚不得小于3.5mm。除了独立避雷针外，在接地电阻满足要求的情况下，防雷接地装置可以和其他接地装置共用。

为了防止跨步电压触电，要求防直击雷接地装置距建筑物出入口和人行道的距离不小于3m，距电气设备接地装置5m以上。其接地电阻一般不大于10Ω；防雷接地与保护接地共用接地装置时，其接地电阻要不大于1Ω。

（二）避雷器

避雷器是用来保护电力设备、防止雷电产生的高电压冲击波入侵的安全措施。避雷器分为阀型、排气式和保护间隙式等类型。常用的避雷器有阀型避雷器、氧化锌避雷器和保护间隙。

1. 阀型避雷器

阀型避雷器由火花间隙和阀电阻片组成，装在密封的磁套管内。火花间隙用铜片冲制而成，每对间隙用0.5～1mm厚的云母垫圈隔开。正常情况下，火花间隙阻止线路工频电流通过，但在雷电过电压作用下火花间隙就被击穿而放电。阀电阻片由金刚砂（碳化硅）颗粒烧结而成，与火花间隙串联。它具有非线性特性：正常电压时，阀片的电阻很大；过电压时，阀片的电阻很小。

2. 氧化锌避雷器

氧化锌避雷器由氧化锌电阻片组装而成，具有优良的非线性伏安特性。在正常工作电压下，它具有较高的电阻而呈绝缘状态；但在雷电过电压作用下，则呈低电阻状态而向大地泄放雷电流；待有害的过电压消失后，它又迅速恢复高电阻而呈绝缘状态，从而有效地保护了被保护电气设备的绝缘性能，使电气设备免受雷电过电压的危害。

氧化锌避雷器与阀型避雷器相比，具有动作迅速、通流容量大、残压低、结构简单、可靠性高等优点，而且对大气过电压和操作过电压都有保护作用。

3. 保护间隙

保护间隙是一种最简单、经济的防雷设备。它是利用高压带电体击穿空气间隙的原理制成的，俗称羊角避雷器，主要用在高压线路中。保护间隙由两个角型电极构成，一个电极接线路，另一个电极接地。在正常工作电压下，保护间隙中的空气能保证带电体与大地之间的绝缘；当雷电过电压出现时，间隙中的空气被击穿，带电体与地形成通路，将雷电流泄放于大地；雷电过电压消失后，带电体与地又呈绝缘状态。注意，保护间隙的接地必须可靠，其接地电阻应不大于5Ω。

防雷接地电阻通常是指冲击电阻，一般要求不大于 10Ω；防雷电侵入波的接地电阻不得大于 30Ω。

（三）防雷措施

1. 架空线路的防雷措施

架空线路的防雷措施主要用在高压线路中，常用的措施有装设避雷线、用三角形顶线作为保护线、装设自动重合闸装置或自动重合熔断器、装设避雷器等。在 35kV 及以下的架空线路上装避雷线，一般只在进出变电所的一段线路上装设。

2. 变、配电所的防雷措施

变、配电所的防雷措施主要是装设避雷针；在多雷区防止雷电侵入波击穿变压器的绝缘，通常采用阀型避雷器和保护间隙。避雷针可单独立杆，也可利用户外配电装置的构架或投光灯的杆塔，但变压器的门型构架不能用来装设避雷针。避雷针与配电装置的空间距离不得小于 5m。

3. 建筑物的防雷措施

建筑物按其对防雷的要求可分为三类：第一类建筑物是在建筑物中制造、使用或储存大量爆炸性物质的建筑物；第二类建筑物是在正常情况下能形成爆炸性混合物，因电火花会发生爆炸，但不致引起巨大破坏和人身伤亡的建筑物；第三类建筑物是除了以上两类建筑物外，也需要防雷的建筑物。第一、二类建筑物的防雷方法可参看相关技术规定，下面重点介绍一下第三类建筑物的防雷措施。

（1）对直击雷的防护措施。

试验证明，建筑物的雷击部位与屋顶坡度有关，屋顶越尖的地方越容易遭受雷击，如房檐的四角、屋脊。一般在设计时，要考虑对容易遭受雷击的部位装设避雷针、避雷带或避雷网，进行重点保护。避雷针或避雷带（网）的接地电阻不得大于 30Ω。若是钢筋混凝土屋面，还可利用其钢筋作为防雷装置，钢筋直径不得小于 4mm。每座建筑物至少要有两根接地引下线，且两根引下线间的距离为 30~40m，引下线距墙面为 15mm，引下线支持卡之间的距离为 1.5~2m，断接卡子距地面 1.5m。

（2）对高电位侵入的防护措施。

对高电位侵入的防护通常是在进户线墙上安装保护间隙，或者将瓷瓶的铁角接地。接地电阻不得大于 20Ω，允许与防护直击雷的接地装置连接在一起。

4. 人身的防雷措施

人身的防雷措施很多，重点要注意：在雷雨天气，非工作需要尽量不要在户外逗留；必须在户外时，最好穿塑料等不透水的雨衣；躲避雷雨应选择有屏蔽作用的建筑和物体，如金属箱体、汽车、混凝土房屋等，不能站在孤立的大树、电线杆、烟囱和高墙下；如依靠建筑物或有高大树木屏蔽的街道躲避，应离开墙壁和树干 8m 以外；雷电发生时，不要停留在易受雷击的地方，如山顶、河边、沼泽地、游泳池等；雷电发生时，应距离通电导线 1.5m 以上，

包括电话线、广播线及引入室内的电视机天线等，防止这些线路或导体对人体进行二次放电；雷雨时，在室内要关好门窗，以防球型雷飘入；雷电发生时，禁止在室外变电所进户线上进行检修作业或做试验。

二、静电的危害及防护

静电是相对静止的电荷，存在于生产、生活和自然界中。在干燥的条件下，高电阻率且容易得到或失去电子的物质，由于摩擦、受热、受压或撞击，便会产生静电。静电的电量小但电压高，可达到几万伏甚至十几万伏。

（一）静电的危害

1. 引起爆炸和火灾

爆炸和火灾是静电最大的危害。由于静电电压高，容易放电产生电火花，在有爆炸性气体、粉尘或易燃物的场所里很容易导致火灾或爆炸。

2. 造成电击伤害

当人体接近带静电的物体或带静电的人体接近接地体时，可能会遭到电击。由于静电能量小，电击一般不会使人致命，但可能会引起坠落、摔伤等二次事故发生，同时，还会引起工作人员精神紧张或恐惧，而造成操作事故。

3. 妨碍生产，降低产品质量

在某些生产过程中，如不及时清除静电，将会妨碍生产或降低产品质量。如在纺织行业，静电可使纤维缠结、吸附尘土，降低纺织品质量；在印刷行业，静电可使纸线不齐、不能分开，影响印刷速度和印刷质量。

（二）防静电危害的措施

1. 接地

接地是消除静电危害最简单的方法。接地通常是将带有静电荷的金属体直接接地，从而消除金属体上的静电荷，接地电阻 100Ω 即可。如果是绝缘体上带有静电，将绝缘体直接接地反而容易发生火花放电，此时，宜在绝缘体与大地之间保持 $10^6 \sim 10^9\Omega$ 的电阻。

2. 泄漏法

泄漏法就是将静电泄漏掉的方法，通常有接地、增湿、添加抗静电剂和涂导电涂料等。
（1）增湿。
增湿是提高空气的湿度，可装设空调、使用喷雾器或挂湿布实现。增湿的主要作用在于降低带静电绝缘体的表面电阻率，增强其表面导电性，从而提高泄漏的速度。
（2）添加抗静电剂。
抗静电剂是一种特制的化学药剂，它具有良好的导电性和较强的吸湿性。因此，添加少量的抗静电剂，可降低高绝缘材料的电阻，加速静电泄漏。抗静电剂有石墨、碳墨、季铵盐、环烷酸盐等。

（3）涂导电涂料。

在不产生静电的绝缘材料表面涂上一层导电涂料，也可以起到泄漏静电的作用。

3. 静电中和法

静电中和法是在静电电荷密集的地方设法产生带电离子，将该处的静电电荷中和掉。静电中和是由特制的静电中和器完成的，它与抗静电剂相比，有不影响产品质量的优点。静电中和法有感应式中和器法、高压静电中和器法、放射性中和器法、离子风中和器法等。具体应用可参考防静电危害及仪器生产企业的详细资料。

4. 工艺控制法

工艺控制法就是从工艺上消除静电危害的方法。前面提到的增湿不是控制静电的产生，而是加速静电电荷的泄漏。在工艺上，还可以采取适当措施，限制静电的产生，控制静电电荷的积累。例如：用齿轮传动代替皮带传动，除去产生静电的根源；降低液体、气体或粉体的流速，限制静电的产生；设法使相互接触或摩擦的两种物质的电子逸出功大致相等，以限制静电电荷的产生等。另外，在日常工作和生产场所还有很多防静电的措施，例如为了防止人体带上静电造成危害，工作人员穿抗静电的工作服和工作鞋；室内加强通风，做好除尘工作；同时，还要根据实际情况合理选用绝缘性工具或导电性工具。

三、思考与练习

1. 雷电的种类有哪些？其主要危害有哪几种？
2. 避雷针和避雷器的作用有什么不同？
3. 静电的最大危害是什么？
4. 消除静电最简单而又有效的方法是什么？

电工基础知识

本章学习重点
* 了解电路、电磁感应、磁路、三相交流电的基本知识和电子技术常识。
* 掌握欧姆定律、基尔霍夫定律的应用方法。

第一节　电路基础知识

一、电流、电压和电动势

1. 电流

当我们合上电源开关时，电灯就会发光、电动机就会转动，这是由于电灯和电动机中有电流通过的缘故。什么叫电流呢？金属导体中的自由电子在电场力的作用下，会向电场强度的反方向移动，电荷的有规则的定向运动就形成了电流。电流的方向与电子的运动方向相反。在电工学中用每秒钟通过某一截面电荷量的多少来衡量电流的强度，称为电流强度（简称电流），用符号 I 表示。若用符号 Q 表示通过导线某一截面的电荷量、t 表示通过电量 Q 所用的时间，则得

$$I = \frac{Q}{t}$$

电流的单位是安培（简称安），用符号 A 表示。若 1 秒内 1 库仑的电量通过导线的某一截面，这时的电流就是 1 安培，即

$$1 \text{ 安培} = \frac{1\text{库仑}}{1\text{秒}}$$

$$1 \text{ 安培（A）} = 1\,000 \text{ 毫安（mA）}$$

$$1 \text{ 毫安（mA）} = 1\,000 \text{ 微安（μA）}$$

2. 电压

（1）电场与电场强度。

带电体周围存在电场，该电场能对位于电场中的电荷产生作用力，即电场力。电场力的大小与电场强度有关，又与带电体所带的电荷量有关。电场中任一点的电场强度，在数值上就等于放在该点的单位正电荷所受到的电场力的大小，其方向就是正电荷所受到的电场力的方向，用数学表达式就是

$$E = \frac{F}{Q}$$

式中，E —— 电场强度，单位为牛顿/库仑 $\left(\dfrac{\text{N}}{\text{C}}\right)$；

  F —— 电荷所受的电场力，单位为牛顿（N）；

  Q —— 正电荷的电量，单位为库仑（C）。

（2）电位与电压。

电场力将单位正电荷从电场中的某点移到参考点（参考点的单位规定为零）所做的功，称为该点的电位。而电场力把单位正电荷由高电位点移到低电位点所做的功，称为这两点间的电压。其实电压就是电场中某两点之间的电位差。其数学表达式是

$$U = \frac{W}{Q}$$

式中，U —— 电压，单位为伏特（V）；

  W —— 电荷所做的功，单位为焦耳（J）；

  Q —— 电量，单位为库仑（C）。

在实际应用中，也常用千伏和微伏作为单位，其相互关系为：

1 千伏（kV）＝1 000 伏特（V）；

1 伏特（V）＝1 000 毫伏（mV）；

1 毫伏（mV）＝1 000 微伏（μV）。

3. 电动势

当我们把电灯或电烙铁接到电源上时，电灯就会发光，电烙铁就会发热，说明它们中间有电流流过。而电流是由电位差（即电压）引起的，这就说明电源的两极之间存在电位差。在电工学中把电源内部能推动电荷移动的力统称为电源力。电源力将单位正电荷从电源负极移到正极所做的功，称为电源的电动势，用符号 E 表示。其实电动势就是电路两端产生并保持一定电位差的能力。这里需要搞清楚的概念就是：电压是电场力把单位正电荷从高电位点移到低电位点做的功；电动势是由电源力把单位正电荷从低电位点（电源负极）移到高电位点（电源正极）所做的功；两者的主要区别是电压的方向是从正极指向负极，电动势的方向是从负极指向正极，单位都是伏特。

二、电阻与欧姆定律

1. 电阻和电阻率

电子在导体中运动会受到一定的阻力，导体对于电流的阻碍作用称为电阻，用 R 表示。

衡量电阻大小的单位是欧姆，用 Ω 表示。欧姆的单位较小，可以用兆欧（MΩ）、千欧（kΩ）和毫欧（mΩ）作为单位，其相互关系为：

1 兆欧（MΩ）　＝1 000 千欧（kΩ）；

1 千欧（kΩ）　＝1 000 欧姆（Ω）；

1 欧姆（Ω）　＝1 000 毫欧（mΩ）。

导体的电阻不仅和导体的材料有关，而且还和导体的尺寸有关。实践证明，同一材料导

体的电阻和导体的长度成正比，和导体的截面积成反比。用公式表示就是

$$R = \frac{\rho \cdot L}{S}$$

式中，L —— 导体长度，单位为米（m）；

    S —— 导体截面积，单位为平方毫米（mm^2）；

    ρ —— 导体的电阻率，单位为欧姆·米（$\Omega \cdot m$）。

材料不同，导体的电阻率也不同。铜的电阻率是 0.0175，铝的电阻率是 0.0283，而有的金属及合金的电阻率很高，所以它们不能做导体。还有的物质电阻率特别高，且能够可靠地隔绝电流，称为绝缘体。还有的物质的导电能力介于导体和绝缘体之间，称为半导体。大量试验证明，各种导体材料的电阻都和温度有关，银、铜、铝等金属导体的电阻随温度的增高而增大，但碳的电阻却随温度的升高而减小。

2. 欧姆定律

我们已经知道，当电阻的两端有电压时，在电阻中就有电流流过。那么，电流、电压、电阻之间有什么关系呢？物理学家欧姆已通过大量的试验总结出这三个物理量之间关系的定律，称为欧姆定律。该定律表明了在温度不变的情况下，流过某一导体中的电流与加在导体两端的电压成正比，与导体中的电阻成反比，其数学表达式为

$$I = \frac{U}{R} \quad \text{或} \quad U = I \cdot R \quad \text{或} \quad R = \frac{U}{I}$$

式中，U —— 导体两端的电压，单位为伏特（V）；

    I —— 流经导体的电流，单位为安培（A）；

    R —— 导体中的电阻，单位为欧姆（Ω）。

从欧姆定律可知，当电路中的电压保持不变时，电阻越大电流越小，电阻越小电流越大；当电阻趋近于零时，电流就特别大，该状态称为短路；当电阻趋近于无穷大时，电流就几乎为零，该状态称为开路。

以上是局部电路的欧姆定律表达情况，如要考虑电源内阻，这就要用到全电路欧姆定律。该定律表明：在闭合电路中，电流与电源电动势成正比，与电路中电源内阻和负载电阻之和成反比，其表达式为

$$I = \frac{E}{R + R_0}$$

式中，E —— 电源电动势，单位为伏特（V）；

    R —— 负载电阻，单位为欧姆（Ω）；

    R_0 —— 电源内阻，单位为欧姆（Ω）。

三、电功与电功率

1. 电功

电路的主要任务就是传递、控制和转换电能。当电能转换成其他形式的能时，电流就要

做功，电流所做的功称为电功，单位为焦耳（J）。用字母 A 表示电功。根据公式 $I = Q/t$、$U = A/Q$ 和欧姆定律，可得电功 A 的数学表达式为

$$A = U \cdot Q = I \cdot U \cdot t$$

$$或 \quad A = I^2 \cdot R \cdot t = \frac{U^2}{R} \cdot t$$

2. 电功率

单位时间内电流所做的功称为电功率，用字母 P 表示，单位为瓦特（W）。其数学表达式为

$$P = \frac{A}{t}$$

根据部分电路欧姆定律可得出功率的计算公式为

$$P = U \cdot I = I^2 \cdot R = \frac{U^2}{R}$$

在实际应用中，常用千瓦（kW）作为单位，有时也用毫瓦（mW）作为单位。它们的关系是：$1kW = 10^3 \, W = 10^6 \, mW$。

而电源的电功率等于电动势与电流的乘积：$P_1 = E \cdot I$

负载功率等于负载两端的电压和通过负载电流的乘积：$P = U \cdot I$

电源和负载的功率原理图如图 3-1 所示。

3. 电能与电流的热效应

能量有许多种，如机械能、电能、热能、光能、化学能等，各种能量之间可以互相转换。水力发电机转动是将机械能转换电能，电动机转动是将电能转换为机械能。电

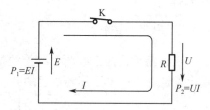

图 3-1　电源和负载的功率原理图

路中有电流通过时，电源要输出电能，在外电路要消耗电能。电能的单位是千瓦·小时（kWh），简称度。人们常说"火表转了一个字"，就是电度表指示数值增加了 1 度，即负载消耗了 1 度或 1 千瓦时的电能。

实践证明，当电流通过电阻时，电阻的温度会逐渐升高，这是因为吸收的电能转换成了热能的缘故，这种现象称为电流的热效应。科学家经过长期的实践和试验发现，电流通过导体时所产生的热量和电流值的平方、导体本身的电阻值及电流通过的时间成正比。其数学表达式为

$$Q = I^2 \cdot R \cdot t$$

式中，Q —— 电流在电阻上产生的热量，单位为焦耳（J）；

I —— 通过导体的电流，单位为安培（A）；

R —— 导体的电阻，单位为欧姆（Ω）；

t —— 电流通过的时间，单位为秒（s）。

这个关系式又称为楞次－焦耳定律。为了避免设备和导体过度发热，根据绝缘材料的允许温度，对于各种导线规定了不同截面积下的最大允许电流值（又称安全电流值）。

四、电阻的串联与并联

1. 电阻的串联

在电路中把几个电阻首尾相接地连接起来，在这几个电阻中通过的是同一电流，这种连接方法称为串联，如图 3-2 所示。

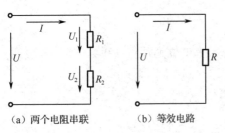

（a）两个电阻串联　　（b）等效电路

图 3-2　电阻的串联

根据图 3-2，可推导分析出串联电路的特点：

（1）串联电路中，流过各个电阻的电流都相等，且等于总电流，即

$$I = I_1 = I_2 = I_3 = \cdots = I$$

（2）串联电路两端的总电压等于各个串联电阻两端的电压之和，即

$$U = U_1 + U_2 + U_3 + \cdots + U_n$$

（3）串联电路的总电阻（即等效电阻）等于各串联电阻之和，即

$$R = R_1 + R_2 + R_3 + \cdots + R_n$$

不管串联多少个电阻，根据以上公式，都可以计算出电路的总电阻，而且可以用一个等效电阻代替。

2. 电阻的并联

在电路中，两个或两个以上的电阻首端连在一起，末端也连在一起，接在同一个电源电压上，这种连接方法称为电阻的并联，如图 3-3 所示。

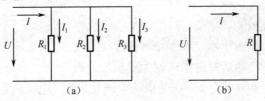

（a）　　　　　　　　　（b）

图 3-3　电阻的并联

图 3-3（a）是三个电阻的并联，图 3-3（b）是等效电路。根据图 3-3 可推导分析出并联电路的特点：

（1）并联电路中，各电阻两端的电压都相等，且等于电路中的总电压，即

$$U = U_1 = U_2 = U_3 = \cdots = U_n$$

（2）并联电路中的总电流等于各电阻流过的分电流之和，其表达式为

$$I = I_1 + I_2 + I_3 + \cdots + I_n$$

（3）并联电路的总电阻（即等效电阻）的倒数，等于各支路电阻的倒数之和，其表达式为

$$\frac{1}{R} = \frac{1}{R_1} + \frac{1}{R_2} + \frac{1}{R_3} + \cdots + \frac{1}{R_n}$$

由以上公式计算出总电阻以后，图 3-3（a）可等效为图 3-3（b）。若在电路中有 n 个相同的电阻并联，则总电阻 R 可由 $R = \dfrac{R_n}{n}$ 公式计算出。由此可见，多个电阻并联后的等效电阻值

比任何一个支路的电阻值都小。如果是两个不同阻值的电阻 R_1、R_2 并联，其等效电阻为

$$R = \frac{R_1 \cdot R_2}{R_1 + R_2}$$

（4）并联电路中，各支路分配到的电流与该支路的电阻值成反比，其表达式为

$$I_n = \frac{R}{R_n} \cdot I$$

上式称为并联电路的分流公式，$\dfrac{R}{R_n}$ 称为分流比。

五、思考与练习

1. 电流是怎样形成的？其大小与哪些因素有关？
2. 串联电路中电流处处相等，电路总电压与各段电阻上的分电压是什么关系？
3. 并联电路中的总电阻与各支路上的电阻是什么关系？并联电路中各支路电流的大小是否可以不相等？

第二节　电磁感应、基尔霍夫定律和磁路基本知识

电流能够产生磁场，磁场又对电流有作用力。变动的磁场能够在导体中产生电动势的现象，称为电磁感应现象。

一、电磁感应

1. 电流的磁场

电流流过导体，在导体的周围必定产生磁场，磁场的大小用磁感应强度 B 表示。B 的常用单位是特斯拉（T）和高斯（G），$1T = 10^4 G$。

磁感应强度 B 与磁场前进方向（即磁力线方向）上的某一面积的乘积称为磁通。磁通的符号是 Φ，单位是韦伯（Wb）和麦克斯韦（Mx），$1Wb = 10^8 Mx$。例如，有某一面积 S 与磁感应强度 B 垂直，则

$$\Phi = B S \qquad\qquad B = \frac{\Phi}{S}$$

式中，B —— 磁感应强度，单位为特斯拉（T）；

　　　Φ —— 磁通，单位为韦伯（Wb）；

　　　S —— 面积，单位为平方米（m^2）。

由于平方米这个单位较大，在实际应用中常用平方厘米表示，则磁感应强度 B 的单位也常用高斯表示。

2. 电磁感应现象

实践证明：将一个导体在磁场中做切割磁力线运动，导体两端便产生感应电动势 e，而且感应电动势的大小与导体在磁场中的有效长度和运动速度成正比，即

$$e = B\,L\,V \times 10^{-8}$$

式中，e —— 感应电动势，单位为伏特（V）；

      B —— 磁感应强度，单位为高斯（G）；

      L —— 导体的有效长度，单位为厘米（cm）；

      V —— 导体在垂直于磁力线方向上的运动速度，单位为厘米/秒（cm/s）。

另一种电磁感应现象就是当线圈内磁通 $\varPhi$ 发生变化时，线圈内即刻产生感应电动势 e。如线圈是闭合的，线圈内部就会产生感应电流。

3. 定律

实践证明：线圈中感应电动势的大小和线圈内磁通变化的速率成正比，即

$$e = -N\frac{\Delta\varPhi}{\Delta t}$$

式中，e —— 感应电动势，单位为伏特（V）；

      N —— 线圈匝数，单位为匝；

      $\Delta\varPhi$ —— 线圈中磁通变化量 $\varPhi_2 - \varPhi_1$，单位为麦克斯韦（Mx）；

      Δt —— 磁通变化所需的时间，单位为秒（s）。

该表达式即是法拉第电磁感应定律。

上式中的负号表示感应电动势所产生的感应电流反抗磁通的变化。即当磁通 $\varPhi$ 增大时，线圈中感应电动势和感应电流的实际方向是与所表示的电动势 e 的方向相反的，反之是相同的。也就是说感应电流产生的磁场总是力图阻止原磁场的变化，这一规律就是我们常说的楞次定律。楞次定律其实就是确定感应电动势（或感应电流）方向的定律。

4. 右手定则与右手螺旋定则

直导体在磁场中做切割磁力线运动，直导体两端就会产生感应电动势，其电动势的方向用右手定则判定。右手定则的应用是：伸开右手，大拇指与四指垂直，让磁力线穿过手心，大拇指指向运动方向，则四指所指的方向就是感应电动势的方向。

在直导体中电流与磁力线的方向关系由右手螺旋定则来判定。其应用是：将右手拇指伸直表示电流方向，其余四指弯曲，好像握住导线的样子，此时四指所指的方向就是磁力线的方向。另外，通电线圈内磁力线的方向也可用右手螺旋定则来判定。即：右手四指弯曲并指向电流流入的方向，则大拇指所指的方向即为磁力线方向。注意：线圈内磁力线的方向不但与流入电流的方向有关，而且与线圈的绕制方向有关。

5. 磁场对电流的作用力

把一小段通电导体垂直放入磁场中，该通电导体便会受到磁场力的作用。磁场力的大小由以下公式表示：$F = BIL$。式中 F 是磁场力，单位为牛顿（N），B 是磁感应强度，单位为特斯拉（T），I 是电流，单位为安培（A），L 是导体长度，单位为米（m）。

当电流方向与磁场方向有一个夹角 θ 时，则磁场力的大小由以下公式表示：$F = BIL\sin\theta$。

从以上公式可知：当电流方向与磁场方向垂直时，导体受到的磁场力最大，当电流方向与磁场方向平行时，导体受到的磁场力为零。

磁场力的方向可用左手定则来判定：伸出左手，大拇指与四指垂直，让磁力线穿过手心，四指指向电流方向，则大拇指所指的方向就是磁场力的方向。

二、基尔霍夫定律

1. 基尔霍夫第一定律

电流通过导体时，在同一时间内，从任意横截面的一侧流入的电荷量，总是等于从另一侧流出的电荷量。因此，对于电路中任一节点处，流入节点的电流总是等于该节点流出的电流，这就是基尔霍夫第一定律。如果设流入节点的电流为正，流出节点的电流为负，这样就可把基尔霍夫第一定律用一个普通的公式表达出来，即在电路的任一节点上，流入（或流出）节点的电流的代数和恒等于零。用公式表示就是：$\sum I = 0$。

2. 基尔霍夫第二定律

在电路图中，任何一个闭合的电路都称为回路。图 3-4 是由两个电源和两个负载组成的回路。

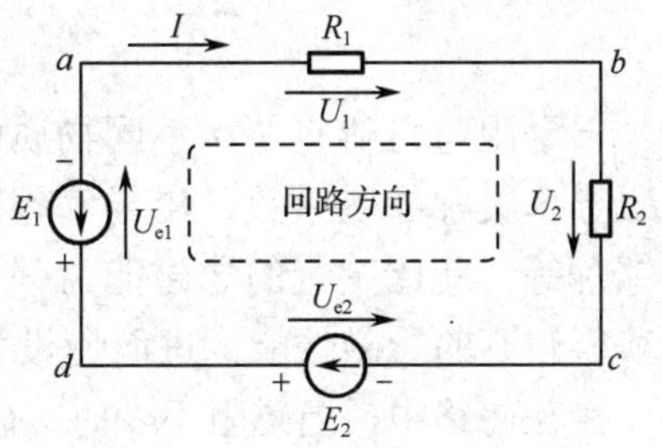

基尔霍夫第二定律是说明回路中各部分电压之间相互关系的一条基本定律。在上图中可得出这样的结论：从回路任意一点出发，沿回路循行一周，电动势（电位升）的代数和等于电阻上电压降（电位降）的代数和，这就是基尔霍夫第二定律。其数学表达式是

$$\Sigma E = \Sigma I R$$

用数学表达式列方程计算电路参数时，首先要选择一个回路方向，以这个回路方向作为标准，当电动势方向与回路方向一致时，电动势 E 取正号，方向相反取负号；当电流（或电压）的方向与回路方向一致时，电压降取正号，方向相反则取负号。

图 3-4　回路中的闭合电路图

例：在图 3-4 中，$E_1 = 12V$，$E_2 = 24V$，$R_1 = 5\Omega$，$R_2 = 10\Omega$，求电流 I。

解：在图 3-4 中，根据设置的电流方向和回路方向，电动势 E_2 取正号，E_1 取负号，电压降都取正号。由基尔霍夫第二定律可列出如下方程式

$$E_2 - E_1 = I R_1 + I R_2$$

$$I = \frac{E_2 - E_1}{R_1 + R_2} = \frac{24 - 12}{5 + 10} = 0.8 \text{（A）}$$

可算出回路中的电流 I 为 0.8A。

三、磁路基本理论

磁通经过的路径称为磁路。依靠电磁感应原理工作的电气设备，如变压器、电磁铁、电动机等都具有不同类型的磁路。有的磁路由线圈和铁芯组成，有的磁路由线圈、铁芯和空气隙组成。变压器、电动机、电磁铁的磁路如图 3-5 所示。

磁通 Φ 是由线圈中的电流产生的。线圈匝数 N 与线圈电流 I 的乘积 IN 称为磁动势。磁通

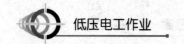

在磁路中的阻力称为磁阻。磁阻的计算公式为

$$R_m = \frac{L}{\mu S}$$

式中，R_m —— 磁阻，单位为 1/亨（1/H）；

　　　L —— 导磁体的长度，单位为米（m）；

　　　S —— 导磁体截面积，单位为平方米（m^2）；

　　　μ —— 材料磁导率，单位为亨/米（H/m）。

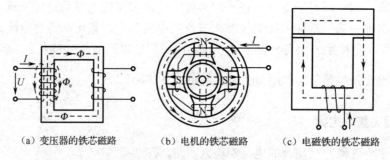

（a）变压器的铁芯磁路　　　（b）电机的铁芯磁路　　　（c）电磁铁的铁芯磁路

图 3-5　磁路图

　　磁阻与材料有关，不同物质的磁阻也不同。若铁芯中存在空气隙，则磁阻会增大很多。磁导率又称导磁系数，磁导率越高，磁阻越小，说明材料导磁性能越好。铁磁性材料（如硅钢片等）就比空气的导磁能力强得多。在电动机和变压器中使用硅钢片，就是为了在磁路中获得较好的导磁性能，进而使设备获得较好的电气性能。

　　在磁路中，当磁阻不变时，磁通 Φ 与磁动势 NI 成正比，与磁阻成反比。这一规律就是我们通常说的磁路欧姆定律。其公式为：$NI = \Phi R_m$，$\Phi = N\dfrac{I}{R_m}$。磁路的欧姆定律只适用于铁芯的非饱和状态。

四、思考与练习

　　1. 电磁感应定律的数学表达式是什么？磁通变化量大，感应电动势就一定大吗？

　　2. 感应电动势的方向用什么定律来判定？

　　3. 基尔霍夫第一定律又叫什么定律？基尔霍夫第二定律是如何表述的？

　　4. 磁力线是一条闭合曲线，线圈内磁场的方向与哪些因素有关？

第三节　交流电路基础知识

一、交流电

　　在生产和生活实践中，交流电比直流电应用更广泛，主要是因为它在生产、输送和使用方面比直流电优越得多。所谓交流电就是指大小和方向都随时间周期性变化的电动势、电压和电流。交流电又分为正弦交流电和非正弦交流电两大类。正弦交流电就是按正弦规律变化的交流电。而非正弦交流电的电流、电压或电动势随着时间的变动是不按正弦规律变化的，其电压波形有可能是方波或锯齿波等。

二、正弦交流电的表示

正弦交流电的大小和方向每时每刻都在随时间的变化而变化。发电机发出来的交流电动势其最大值、频率、初相位是交流电的三要素。正弦量在 $t=0$ 时的相位称为初相位，其波形如图 3-6 所示。

正弦交流电瞬时值的计算公式为

$$e = E_m \sin(\omega t + \varphi)$$

式中，e —— 电动势瞬时值；

  E_m —— 电动势最大值；

  ω —— 角频率 $2\pi f$；

  φ —— 初相位。

电压 u 和电流 i 的瞬时值计算公式分别为：$u = U_m \sin(\omega t + \varphi)$；$i = I_m \sin(\omega t + \varphi)$。

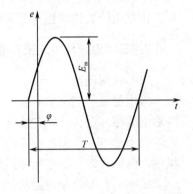

图 3-6 正弦电动势波形图

需要特别说明的是：以上计算公式中的角频率 ω 是表示正弦交流电变化的快慢的。由于正弦交流电完成一次循环对应的角度变化为 2π 弧度，若每秒钟完成 f 次循环，则相应的角度变化为 $2\pi f$ 弧度，故 $\omega = 2\pi f$。f 就是我们常说的交流电的频率，单位是赫兹，用字母 Hz 表示。我国供电系统采用的交流电频率为 50Hz。周期是指交流电变化一次所需的时间，用 T 表示，单位是秒（s）。频率与周期互为倒数，即

$$f = \frac{1}{T} \qquad T = \frac{1}{f}$$

三、正弦交流电的有效值

正弦交流电的最大值就是在一个周期的变化过程中所出现的最大瞬时值。而有效值是根据"发热等效"的原则来定义的，即正弦交流电在同一时间内的发热量与某直流电流的发热量相同，则该直流电流的数值为交流电流的有效值。交流仪表和电器铭牌上标注的电流和电压所指的都是有效值。正弦交流电的最大值除以 $\sqrt{2}$ 为有效值，即

$$I = \frac{I_m}{\sqrt{2}} \qquad U = \frac{U_m}{\sqrt{2}}$$

四、三相交流电路

三相交流电源是由三相交流发电机产生的。电路中的电源同时有三个交变电动势，这三个电动势的最大值相等、频率相同、相位互差 120°。三相电源的三个绕组和负载，有两种常用连接方法，一个是星形接法，另一个是三角形接法。

1. 三相交流电源的表达式

三相交流电源的对称三相电动势的数学表达式为

$$e_U = E_m \sin \omega t$$

$$e_V = E_m \sin(\omega t - 120°)$$
$$e_W = E_m \sin(\omega t - 240°)$$

根据该表达式，还可以画出对称三相电动势的相量图和波形图。把任意瞬间三个电动势的大小加起来都会得出同一结论：三相对称电动势在任一瞬间的代数和都等于零。三相电压和三相电流的表达式也与此相同，其相位都是互差120°。

2. 三相电源两种连接方法的特点

（1）星形连接。

将电源三相绕组的末端 U₂，V₂，W₂ 连成一个节点，将首端 U₁，V₁，W₁ 分别用导线引出接输电线路，这种连接方法称为星形连接，或称 Y 连接。三相绕组末端所连成的公共点称为电源的中性点，其引出线称为中性线，或称零线，用 N 表示。每相绕组的首端引出的线称为相线，俗称火线。三相电源星形连接时，可以输出两种电压，即相电压和线电压。

相电压：即每相绕组的首端与末端之间的电压（相线与零线之间的电压）。

线电压：即任意两根相线之间的电压（相线与相线之间的电压）。

在对称三相交流电源中，线电压超前于对应的相电压 30°。在电工技术中，通常用 U_L 表示线电压，用 U_P 表示相电压，它们之间的关系为

$$U_L = \sqrt{3}\, U_P$$

（2）三角形连接。

将电源的三相绕组依次首末端相连构成一个闭合回路，再从首端 U₁，V₁，W₁ 引出导线接负载，这种连接方法称为三角形连接，或称△连接。三相电源三角形连接时，线电压等于相电压，即

$$U_L = U_P$$

特别要注意的是，当发电机绕组接成三角形时，在三个绕组构成的回路中总电势为零，在该回路中不会产生环流；当一相绕组接反时，回路电势就不再为零。由于发电机绕组的阻抗很小，将产生很大的环流，有可能会烧毁发电机。

3. 三相负载的连接

在生产实践中，用来带动机械的三相交流电动机和大功率的三相电炉等，均为三相负载。三相负载的连接也分为星形连接和三角形连接。

（1）三相负载的星形连接。

三相负载的星形连接与三相电源的星形连接类似，即把三相负载的首端分别接到三相电源线上，把三相负载的末端连成一点 N（称为中性点），再接到三相电源的中性线上，如图 3-7 所示。这种由三根相线和一根中性线构成的电路称为三相四线制电路。

在三相四线制电路中的电流有相电流和线电流之分。每根相线中的电流称为线电流，每相负载中的电流称为相电流。只要三相电源是对称的，则加在每相负载上的电压都相等，即

$$U_U = U_V = U_W = \frac{U_L}{\sqrt{3}}$$

需要注意的是，若三相负载都相等，因为电压是对称的，所以负载相电流也是相等的，这时，中性线电流等于零。故可省去中性线，不影响三相电路的工作，各相负载上的电压依

然为对称的电源相电压。常用的三相异步电动机和三相电阻炉等都是三相对称负载，其特点是线电流与相电流相等，即

$$I_L = I_P$$

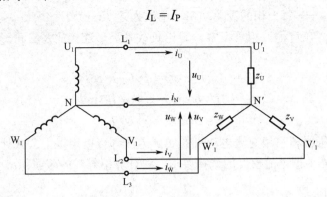

图 3-7　三相负载星形连接电路图

如果三相负载不相等，三个相电流的向量和不为零，中性线上就有电流通过，此时中性线不能省略，否则会造成严重事故。因为中性线不断开，即使三相负载不平衡，每个负载相线对零线之间的电压都是 220V，各相负载的使用互不干扰。一旦中性线断开，就会出现两组负载串联起来接到两根相线之间（380V）的现象。这样，各组单相负载上所承受的电压就不一定相等了，内阻大的负载承受的电压高，就会烧毁，内阻小的负载达不到额定电压。因此，三相四线制电路中的中性线（总零线）上，绝不允许装开关和熔断器。

（2）三相负载的三角形连接。

三相负载的三角形连接如图 3-8 所示。各相负载阻抗分别为 Z_{UV}，Z_{VW}，Z_{WU}。

三相负载的电源只需要三根相线采用三相三线制供电即可。由于各相负载都直接接在电源的端线之间，所以，各相负载的相电压与电源的线电压相等，即 $U_L = U_P$。但线电流是相电流的 $\sqrt{3}$ 倍，即 $I_L = \sqrt{3} I_P$。在相同的电源作用下，对称负载三角形连接的线电流是星形连接时的线电流的 3 倍。

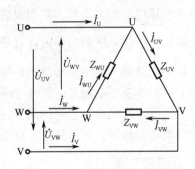

图 3-8　三相负载三角形连接电路图

4. 三相交流电路的功率

在单相交流电路中有功功率 P 等于相电压 U 与相电流 I 和功率因数 $\cos\Phi$ 的乘积，即

$$P = U_P I_P \cos\Phi$$

三相交流电路是由三个单相交流电路组合而成的，因此，不管三相负载采用何种连接方式或三相负载是否对称，均有以下公式成立

$$P = P_U + P_V + P_W$$
$$Q = Q_U + Q_V + Q_W$$
$$S = \sqrt{P^2 + Q^2}$$

式中，P —— 有功功率，单位为瓦（W）；

Q —— 无功功率，单位为乏（var）；

S —— 视在功率，单位为伏安（VA）；

P_U，P_V，P_W —— 每一相的有功功率，单位为瓦（W）；

Q_U，Q_V，Q_W —— 每一相的无功功率，单位为乏（var）。

特别注意的是，在对称三相负载中，无论负载是星形连接还是三角形连接，其总功率都可以用下式表示

$$P = 3U_P I_P \cos\Phi = \sqrt{3}\, U_L I_L \cos\Phi$$

$$Q = 3U_P I_P \sin\Phi = \sqrt{3}\, U_L I_L \sin\Phi$$

$$S = 3U_P I_P = \sqrt{3}\, U_L I_L$$

常用的电力变压器和三相交流电动机的实际电流都可以用以上公式计算出来。计算出线路的实际电流后，再根据电流密度的选择要求，可计算出导线的截面积。

5. 功率因数的提高

交流电路中的负载性质一般分为电阻性、电感性和电容性三种。电阻性负载就是我们常用的白炽灯、电炉等。纯电阻性负载的特点是电路中电流与电压同相位，功率因素 $\cos\Phi$ 为 1，直接消耗电能。纯电感性负载的电路电流滞后于电压 90°，（即电压超前于电流 90°）；而纯电容性负载的电路电流超前于电压 90°（即电压滞后于电流 90°）。它们本身不消耗电能，而功率因数为零，但在实际的电路中，几乎找不到纯电感性负载和纯电容性负载。任何一个实际的电感线圈，都是用导线绕制而成的，导线必定有一定的电阻，线圈的各匝之间也存在着电容。电动机是典型的电感性负载，其功率因数较低，一般为 0.7~0.85。普通日光灯镇流器采用的电感线圈，其功率因数也是较低的。任何一个实际的电容器，也或多或少存在着漏电现象和介质损耗。所谓功率因数就是负载的有功功率与视在功率的比值，即 $\cos\Phi = \dfrac{P}{S}$。由功率计算公式可知，功率因数越低，要保证输出同样的有功功率，则线路上的电流就会增大，线路上的电能损耗就越大，同时，线路上的电压降也随之增大，会影响负载的正常运行。

因此，提高电力系统的功率因数，既能减少线路上的电压损失，又能使发、配电设备容量得到充分利用，从而节约大量电能。

五、思考与练习

1. 什么是交流电的周期？它与频率是什么关系？
2. 交流发电机是利用什么原理发电的？
3. 交流电的有效值是什么？它与最大值是什么关系？
4. 三相负载星形连接时，其线电压与相电压是什么关系？
5. 为什么说提高线路功率因数可以减少线路上的电压损失？

第四节　电子技术常识

电气物质有导体、半导体和绝缘体之分。所谓半导体是指导电能力介于导体和绝缘体之间的物质，如硅、锗等。本节主要介绍由硅、锗半导体材料制成的晶体二极管和晶体三极管的结构特性。

一、晶体二极管

1. 晶体二极管的结构

晶体二极管（可简称二极管）主要由管芯、管壳和两个电极组成。其管芯就是一个 PN 结。用特殊工艺把 P 型和 N 型半导体结合在一起，其交界面上形成一个带电薄层，称为 PN 结。

P 型半导体又称空穴型半导体，其内部空穴数量多于自由电子数量。例如，在硅单晶体中加入微量的硼元素就可得到 P 型硅。

N 型半导体又称电子型半导体，其内部自由电子数量多于空穴数量。例如，在硅单晶体中加入微量的磷元素，就可得到 N 型硅。

PN 结具有单向导电性。当 PN 结加上正向电压，即 P 区外接电源正极，N 区外接电源负极，此时电阻很小，PN 结处于导通状态；反之，当 PN 结加上反向电压，即 P 区外接电源负极，N 区外接电源正极，此时电阻很大，PN 结处于截止状态。在 PN 结的两端各引出一根引线，并用塑料、玻璃或金属材料作为外壳，就构成了晶体二极管。其结构和电气符号如图 3-9 所示。

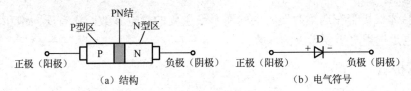

图 3-9 晶体二极管结构和电气符号

在上图中，P 区引出的电极称为正极（或阳极），N 区引出的电极称为负极（或阴极）。晶体二极管按材料不同，可分为硅管和锗管两大类。

2. 晶体二极管的伏安特性

所谓晶体二极管的伏安特性就是加在晶体二极管上的电压和流过晶体二极管的电流之间的关系。该关系可用一条曲线表示，图 3-10（a）表示的是硅二极管的伏安特性曲线，图 3-10（b）表示的是锗二极管的伏安特性曲线。

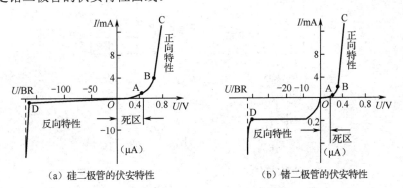

图 3-10 晶体二极管伏安特性曲线

从晶体二极管的伏安特性曲线中可看出，当给晶体二极管加上正向电压时，开始一段由

于电压较低，二极管未导通，该段电压称为"死区电压"。死区电压，硅管为 0.6～0.7V，锗管为 0.2～0.3V。只有当正向电压高于死区电压时，管中电流才会明显增大。

另外，从晶体二极管的伏安特性曲线中还可看出，当晶体二极管反向电压增大到 V_D 时，反向电流开始急剧增大，这时的反向电压称为晶体二极管击穿电压。利用这一特性制造出的稳压二极管，只要反向电流小于它的最大允许值，稳压二极管就不会发生热击穿而损坏。从伏安特性曲线上看出，当反向电流的变化量很大时，管子两端电压的变化量却很小，这就是稳压二极管的稳压特性。

根据晶体二极管的特性，它除了可以制成稳压二极管外，在实际应用中主要还是用来整流。其整流电路有单相整流电路和三相整流电路等。

3. 晶体二极管的主要参数

（1）最大正向电流（即整流电流）：即晶体二极管长期运行时，允许通过的最大正向平均电流，通常称为额定电流。晶体二极管在使用时，不可超过该电流值，否则会烧坏。

（2）最高反向工作电压：是指晶体二极管不被反向击穿而规定的最高反向电压，通常称为额定工作电压。

以上是晶体二极管在选用时要考虑的两个最主要的额定参数，还有反向饱和电流、最高工作频率等也是选用时需要考虑的参数。

二、晶体三极管

1. 晶体三极管的结构

晶体三极管（可简称三极管）的结构与晶体二极管的相比，主要区别在于多了一个 PN 结、三个电极。三个电极依次为发射极（E）、基极（B）和集电极（C），它们分别由发射区、基区和集电区引出。晶体三极管的类型有 NPN 和 PNP 两种。发射区与基区之间的 PN 结称为发射结，集电区与基区之间的 PN 结称为集电结，如图 3-11 所示。

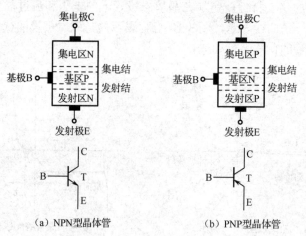

（a）NPN型晶体管　　　　　　（b）PNP型晶体管

图 3-11　晶体三极管的结构示意图与电气符号

电气符号中，发射极箭头的方向表示发射结加正向电压（正偏）时的实际电流方向。NPN

和 PNP 的电流方向正好相反。根据管芯所用半导体材料的不同，晶体三极管也同样有硅管和锗管之分。

2. 晶体三极管的主要参数

（1）电流放大倍数 β。

晶体三极管在电子线路中主要用于放大和开关，在实际应用中大多用来进行电流放大。所谓电流放大就是当晶体三极管基极电流有一个很微小变化时，集电极电流就有一个较大的变化。用 β 表示共发射极接法的晶体三极管交流电流放大倍数，则 $\beta = \Delta I_C / \Delta I_B$。

β 值的大小除了与晶体三极管的材料、结构有关外，还与工作电流有关。一般情况下，只要求晶体三极管满足放大条件：发射结加正向电压，集电结加反向电压，集电极电流 $I_C \approx \beta I_B$。

（2）极间反向饱和电流。

① 集电极—基极反向饱和电流 I_{CBO}。

② 集电极—发射极反向漏电流（又称穿透电流）I_{CEO}。

I_{CE0} 和 I_{CBO} 存在下列关系

$$I_{CEO} = (1+\beta)\, I_{CBO}$$

（3）晶体三极管的极限参数。

① 集电极最大允许电流 I_{CM}。若集电极电流过大，β 值会严重下降。

② 集电极最大允许耗散功率 P_{CM}。这是晶体三极管最大允许平均功率，若功率长时间超过此值，晶体三极管会因过热而损坏。

③ 集电极—发射极间的反向击穿电压 V_{CEO}。它是基极开路时，加在集电极与发射极之间的最大允许电压，若此电压太高会导致热击穿损坏晶体三极管。

以上所述的晶体三极管是利用输入电流控制输出电流的半导体器件，称为电流控制型器件。另外，在晶体管中还有一种单极型半导体器件，称为场效应管，又称单极型三极管，是一种电压控制型器件。

三、单相桥式整流电路

整流就是将交流电变换成直流电的过程，完成这一变化的电路称为整流电路。单相整流电路有单相半波整流电路和单相全波整流电路，在实践中较常用的是单相桥式全波整流电路，如图 3-12 所示。

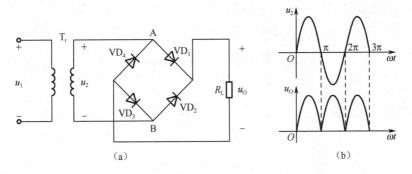

（a）　　　　　　　　　　　　（b）

图 3-12　单相桥式全波整流电路

在上图中，当输入的交流电压为正半周时，A 点电位最高，B 点电位最低。VD_1 和 VD_3 两个二极管正向偏置导通，另一对二极管 VD_2 和 VD_4 反向偏置截止。在 u_2 正半波电压作用下，电路中的电流通路为 A—VD_1—R_L—VD_3—B。流过直流负载 R_L 的电流方向是从上到下。

当输入电压为负半周时，B 点电位最高，A 点电位最低。在 u_2 负半波电压作用下，电路中电流通路为 B—VD_2—R_L—VD_4—A。流过直流负载 R_L 的电流方向还是从上到下。

由此可知，不管输入电压是正半周还是负半周，在负载 R_L 上得到的电流方向都是从上到下，负载电压都是上正下负。其整流后的直流输出电压是输入交流电压的 0.9 倍，即 $u_O= 0.9u_2$。

四、分压式放大电路

三极管有放大、饱和、截止三种工作状态。在数字电路中三极管主要工作在饱和或截止两种状态，起开关作用；在模拟电子电路中，三极管主要工作在放大状态。三极管放大电路很多，但在实践中应用较多的是具有稳定静态工作点的分压式放大电路。如图 3-13 所示。

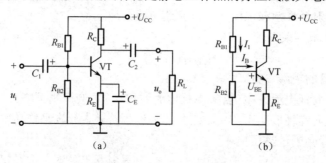

图 3-13　分压式放大电路

在图 3-13（a）所示电路中，若 R_{B1}、R_{B2} 和 U_{CC} 取值合适，使流过 R_{B2} 的电流远大于 I_B，那么三极管基极电位 $V_B \approx U_{CC} \cdot R_{B2} / R_{B1}+R_{B2}$，几乎恒定不变，如图 3-13（b）所示。由于耦合电容 C_1、C_2 具有"隔直流通交流"的作用，旁路电容 C_E 对于交流信号来讲可视为短路。则 $V_E = V_B - U_{BE}$ 也近似不变，这样三极管的集电极电流 $I_C = V_E/R_E$ 也就近似恒定不变，从而实现了电路工作点的稳定。

五、思考与练习

1．晶体二极管有什么特性？如何用万用表测量晶体二极管的好坏？
2．稳压晶体二极管正常工作是处在什么状态？
3．晶体三极管处于放大状态要满足什么条件？

第四章

电工仪表及测量

本章学习重点

* 了解电工仪表的分类及精度等级。
* 了解常用电工仪表的结构、原理与使用注意事项。
* 掌握电流、电压的测量方法。

第一节　常用电工仪表基本知识

一、电工仪表的分类

　　电工仪表分为磁电系、电磁系、电动系与感应系。磁电系仪表的结构主要由固定的永久磁铁、可转动的线圈及转轴、游丝、指针、机械调零机构等组成。当线圈中通过直流电流时，该电流受到永久磁铁产生的磁场力作用，带动指针、转轴偏转。当偏转力矩与游丝反力平衡时，指针停转，此时可读出测量数值。磁电系仪表的灵敏度和精确度较高，且刻度盘分度均匀，但只有加上整流器后才能用于测量交流电。

　　电磁系仪表有固定的线圈，在固定线圈内装着固定铁片和可动铁片，可动铁片与转轴固定在一起。转轴上固定有指针、游丝、零位调整装置。当线圈内有被测电流通过时，线圈电流的磁场使两块铁片同时磁化，获得相同极性而互相排斥，并带动转轴上的指针偏转。当偏转力矩与游丝反力平衡时，指针停转，此时可读出测量数值。电磁系仪表精度不高，刻度盘分度不均匀，常用来制作电流表和电压表。

　　电动系仪表由固定线圈、可动线圈、指针、转轴、游丝、空气阻尼器等组成。可动线圈受固定线圈磁场力的作用产生电磁转矩而使转轴转动，通过转轴带动指针偏转，在刻度尺上指出被测数值。电动系仪表可直接用于交、直流电测量，精度较高。

　　感应系仪表由固定的开口铁芯、永久磁铁、可转动铝盘及转轴、计数器等组成。感应系仪表主要用于制作电能表。

二、电工仪表的精度等级

　　电工仪表的精度等级分为 0.1、0.2、0.5、1.0、1.5、2.5、4.0，共 7 级。0.1～0.5 级属于高精度仪表，多用于校检仪表。

　　电工仪表的精度等级是指在规定条件下使用时，可能产生的基本误差占满刻度的百分数。所谓基本误差，是指仪表在正常使用条件下，由于本身内部结构的特性和质量等方面的缺陷

而产生的误差，这是仪表本身的固有误差。例如，1.0级电压表的基本误差是满刻度的1.0/100。若所测电压为100V时，仪表显示的实际电压值应在99～101V之间。如超出此范围，就是仪表精确度不合格。

第二节　常用电工仪表

电工仪表种类很多，常用的电工仪表有电流表、电压表、万用表、电能表、钳形电流表、兆欧表、直流电桥、接地电阻测试仪等。

一、万用表

1. 概述

万用表是一种多用途、多量程的携带式仪表。万用表通常用来测量电阻、交直流电压、直流电流。好的万用表也可以测量交流电流、电感、电容等。万用表的结构主要由表头、表盘、测量线路、转换开关等组成。万用表的型式分为指针式、数字式，型号多种多样。如图4-1所示是MF47型指针式万用表。

图 4-1　MF47型指针式万用表

2. 表头与表盘

MF47型万用表的表头是一只高灵敏的磁电系直流电流表，有万用表心脏之称。表头灵敏度是指表头指针满刻度偏转时，流过表头线圈的直流电流值。该值越小，灵敏度越高。多数万用表表头的灵敏度为数十至数百微安。表头内阻是表头线圈的直流电阻，多数万用表表头的内阻为数百欧至二十千欧。表头灵敏度越高，内阻越大，万用表性能就越好。

MF47型万用表的表盘有六条标度尺：第一条标度尺专门用来测量电阻，其右端为零，左端无穷大；第二条标度尺主要用来测量电流、电压；第三条标度尺用来测量晶体管共发射极直流电流放大系数；第四条标度尺用来测量电容。

3. 测量线路

万用表测量线路是为了适应不同测量项目和不同量程而设置的。它实际上是由多量程的直流电流表、直流电压表、整流式交流电压表和欧姆表等的测量线路组合而成的。应用时通过拨动转换开来选择所需的测量项目和量程。

4. 转换开关

万用表转换开关由多个固定触点和活动触点构成。当活动触点与一个或多个固定触点接触时，就可接通它们所控制的测量线路，完成相应的测量功能。转换开关要求：触点接触必须紧密可靠，导电良好，活动触点定位准确；拨动时轻松干脆，有弹性，手感好。

5. 指针式万用表的使用注意事项

（1）万用表的红表笔插万用表的正端钮端，黑表笔插负端钮端。

（2）万用表选择的量程一定要大于被测量程，同时还要考虑测量准确度。在选择量程时，测量电阻应尽量使指针指在刻度盘的几何中心，测量电流、电压应尽量使指针指在 2/3 的位置。

（3）测量电阻时，先要选择合适的量程，然后将两个表笔短接，进行指针调零。测量完毕，应将转换开关拨到交流电压最高挡，以防下次使用时不慎损坏仪表。

（4）不能带电测量电阻。严禁用万用表电阻挡直接测量微安表、检流计等仪表仪器的电阻。

（5）严禁在测量中拨动转换开关，以免损坏开关触点和表头。

（6）测量直流电压和直流电流时，应注意被测量电路的极性，以防损坏仪表。

6. 数字式万用表及使用注意事项

随着电子技术的发展，数字式万用表的使用率越来越高。数字式万用表具有性能稳定、可靠性高、防震能力强和读数直观等优点，虽然价格高一点，但还是受到电工作业人员的青睐。数字式万用表的型号很多，如图 4-2 所示是一种型号的数字式万用表。

图 4-2　数字式万用表

数字式万用表在使用时，一定要注意：

（1）使用前要认真阅读说明书，搞清楚量程开关、插孔及特殊插口的作用和使用要求。

（2）将电源开关置于 ON 状态，显示器应有数字或符号显示。若显示器显示低电压符号，应立即更换内置电池。

（3）测量前将转换开关置于所需量程。测量交、直流电压或交、直流电流时，若不知被测数值的高低，应将转换开关置于最大量程挡，在测量中按需要逐步下降。

（4）若显示器只显示"1"，表示量程选择偏小，转换开关应置于更高的量程。

（5）测量交、直流电压时，将黑表笔插入 COM 插孔，红表笔插入 V/Ω 插孔。

（6）测量直流电压时，将红表笔接被测电路高电位端，黑表笔接低电位端。一般，数字式万用表不得测量高于 1 000V 的直流电压。

（7）测量直流电流时，将黑表笔插入 COM 插孔；测量 200mA 以下电流时，将红表笔插入 mA 插孔；测量 200mA～20A 电流时，红表笔应插入 20A 插孔，如部分仪表未设 20A 插孔，就要仔细看说明书，搞清楚量程极限再使用。

（8）测量电阻时，先选择合适的量程，将黑表笔插入 COM 插孔，红表笔插入 V/Ω 插孔。

（9）测量电阻时，将表笔与电阻并联，直接读数。测量 1MΩ 以上电阻时，要几秒钟后读数方能稳定，属于正常现象。严禁带电测量电阻。

二、电能表

电能表又称电度表，是专门用来测量电能的仪表。电能表属于感应系仪表，用来测量某

一段时间内负载所消耗的电能。电能表分为单相和三相两种。

1. 单相电能表

单相电能表的额定电压为220V。其内部结构主要由2个电磁铁、1个铝盘和1套计数机构组成。电磁铁的一个线圈匝数多，线径小，与电路的用电设备并联，称为电压线圈；另一个线圈匝数少，线径大，与电路串联，称为电流线圈。铝盘在电磁铁中因电磁感应产生感应电流，因而在磁场力作用下旋转，带动计数机构在电能表的面板上显示读数。电路中负载越大，电流越大，铝盘转动越快，负载消耗的电能就越多。1千瓦的有功负载运行1小时，就是我们通常所说的消耗1度电。

单相电能表额定电流有很多等级，例如"5（10）"，括号内的数字表示改变内部接线后可将额定电流从5A提高到10A。电能表在接线时，电流线圈的进、出线方向不能接反，否则，电能表不能正常计量。电能表的型号规格很多，如图4-3所示是某种型号的机械式和电子式单相电能表外形图（单相电能表的接线见图4-11）。

图4-3　机械式和电子式单相电能表

2. 三相电能表

三相电能表的额定电压为380V（三相两元件）、380/220V（三相三元件）和100V（高压计量用）。三相电能表分为有功电能表和无功电能表。三相有功电能表的基本结构与单相电能表相同，所不同的是具有两组（三相两元件）或三组（三相三元件）电流线圈和电压线圈。三相四线电能表（即三相三元件）内部结构其实就是三个单相电能表组合而成的。目前市场上数字式三相电能表应用也较多，具体的详细接线图可见各型号的产品说明书。

三相电能表在使用时除了接线正确外，还要注意选择的电能表额定电压和额定电流是否合适；安装高度是否便于抄表；导线截面积是否符合要求，电压线圈的连接线应采用1.5mm²铜芯绝缘线，电流线圈经电流互感器引入的连接线应采用2.5mm²铜芯绝缘线。特别要注意的是，经电流互感器接入的电能表，其读数要乘以电流互感器的变比才是实际消耗的电能值。

三、钳形电流表

钳形电流表主要由穿心式电流互感器、电流表和测量转换机构等组成。穿心式电流互感器制成活动开口，便于使用。测量电流时，按动扳手，打开钳口，将测量导线置于钳口中间，电流互感器二次侧就会感应出电流，通过测量转换机构，在仪表标度尺上就能显示出被测电流值。钳形电流表的型号规格很多，有指针式和数字式两大类。如图4-4所示是指针式钳形电流表的外形图。

图4-4　指针式钳形电流表外形图

钳形电流表可以在不断开电路的情况下测量主电路电流，所以在实践中被广泛应用。但在使用中要注意以下几个主要问题。

（1）测量前先根据测量项目，选择合适的量程。

（2）测量前还应检查钳口的开合是否自如，接触面是否闭合紧密；钳口上如有油污和锈斑应清理干净。

（3）如事先不知被测电流的大小，为防止损坏仪表可将量程选为最大挡，而后再调整到合适的量程。

（4）测量时，应将被测导线置于钳口内的中心位置，利于减小测量误差。

（5）测量时，应注意电压等级，穿戴好安全防护用品，同时还要注意防止相间短路。

四、兆欧表

兆欧表又称摇表，主要用来测量绝缘电阻。兆欧表主要由手摇直流发电机、磁电式流比计及接线桩（L、E、G）组成。常用兆欧表的规格有500V、1 000V、2 500V，数字式兆欧表的规格可以达到5 000V。如图4-5所示是部分兆欧表的外形图。

图4-5　兆欧表的外形图

兆欧表的电压规格就是手摇直流发电机发出来的电压等级。在仪表内部同一转轴上装有

两个交叉的线圈，测量时有两路电流流过两个线圈，两个线圈所受到的转动力矩相反，当达到平衡时，兆欧表就可读出稳定的读数。

兆欧表使用时，要特别注意以下事项。

（1）使用时被测设备必须断电。

（2）测量前要选择合适电压等级的仪表：一般测量 500V 以下电气设备的绝缘电阻宜采用 500V 或 1 000V 摇表；测量绝缘子绝缘电阻应采用 2 500V 及以上的摇表。检查仪表质量时，将 L、E 两端短接，轻轻摇动摇把，指针应迅速摆向"0"位；两端开路时指针应指在"∞"位置。

（3）测量时摇把转速由慢到快，到 120r/min 再均匀摇动 1min，待指针稳定后读数。如兆欧表摇动时指针指向零位，说明被测设备绝缘已失效，应立即停止摇动，防止损坏仪表。

（4）测量完毕应对设备充分放电，以防触电事故的发生。

（5）兆欧表停止转动前，切勿用手触及设备的测量部位或摇表接线桩。

（6）兆欧表要定期校验。

五、直流电桥

直流电桥分为单臂电桥和双臂电桥。单臂电桥又称惠斯通电桥，适合于测量 $1\sim10^7\Omega$ 的电阻，用它可以测量各种电动机、变压器及其他电器的直流电阻。双臂电桥又称凯尔文电桥，适合于测量小阻值电阻（$10^{-5}\sim1\Omega$），且精度高。由于双臂电桥工作电流大，所以测量时要迅速，以免电池过多消耗。由于电桥在一般电工作业中用得较少，在此不做详述，如用到可查阅电桥产品使用说明书。

六、接地电阻测试仪

接地电阻测试仪又称接地摇表，主要用于测量电气系统、避雷系统等接地装置的接地电阻和土壤电阻率。它是一种携带式指示仪表，型号规格很多，用法也有差异，但工作原理基本相似。另外，随着电子技术的发展，数字式接地电阻测试仪也已大量应用。如图 4-6 所示是常用且较经济的 ZC-8 型接地电阻测试仪。

图 4-6 ZC-8 型接地电阻测试仪

该接地电阻测试仪由高灵敏检流计、交流发电机 G、电流互感器 TA、调节电位器 R_p、测量用接地极 E、电压辅助电极 P 与电流辅助电极 C 等组成。

被测接地电阻 R_x 接于 E 和 P 之间。测量时摇动摇把，交流发电机以 120r/min 的速度转动，产生 90～98Hz 的交变电流，该电流通过电流互感器的原边绕组、接地极 E、电流辅助电极 C 构成闭合回路。在接地电阻 R_x 上就会产生电压降，通过电压辅助电极 P 和电流辅助电极 C 之间的电阻 R_c 也会产生电压降。

测量时，P2、C2 与接地极 E 相接，有的仪表 P2、C2 已在内部接通，则其表壳接线桩直接标为 E。将被测接地装置的接地体接仪表的 P2、C2（或 E）接线桩，电压探针接 P1 接线桩，电流探针接 C1 接线桩。电压探针应设置在距接地体 20m 处，两个探针之间也应至少保持 20m 的距离。

使用接地电阻测试仪应注意以下事项。

（1）测量接地装置的接地电阻时，必须先将接地线路与被保护的设备断开，方能测得较准确的接地电阻，还能防止意外事故的发生。

（2）测量时，将仪表置于水平位置，对指针进行机械调零，使其指在标度盘红线上。

（3）测量电极间的连线应避免与邻近的高压架空线路平行，以防止感应电压的危险。测量电极的排列应避免与地下金属管道平行，防止产生意外误差。

（4）测量时，摇把转速由慢到快，至 120r/min 左右时再调节测量标度盘，使指针稳定在红线上，这时标度盘的读数乘以倍率标度即可得出接地电阻值。测量中如发现测量标度盘的读数小于 1，应将量程转换开关置于较小的一挡，再重新测量。

（5）若仪表检流计灵敏度不够时，可在电压探针 P1 和电流探针 C1 的接地处注水，以减小两探针的接地电阻。

七、电流、电压的测量

1. 电流的测量

（1）直流电流的测量。

在测量直流电流时，应将直流电流表串联在负载电路中，要注意仪表的极性和量程。测量大电流时，应配用分流器。分流器的电流端钮也同样串接在电路中，但分流器和电流表是并联的。外附分流器的直流电流表在使用时一定要注意仪表与分流器必须配套。直流电流测量电路图如图 4-7 所示。

图 4-7　直流电流测量电路图

图 4-7（a）为电流表直接接入法，图 4-7（b）为带有分流器的接入法。

在测量过程中一定要注意：电流要从电流表的"+"端钮流入，从"−"端钮流出；还要根据被测电流的大小选择合适的电流表，如不知被测电流大小时，先选择较大量程的电流表试测，而后再换为适当量程的电流表。

（2）交流电流的测量。

测量交流电流的电流表也要串联在负载电路中。如所测量的电流较大，还需用电流互感器扩大量程，将大电流降为 5A 以下的小电流再接入电流表。电流互感器一次绕组串联在主电路中，它的电流是由负载决定的，且一次绕组匝数少，二次绕组匝数多，通常接一些阻抗很小的仪表和继电器。二次侧的电流是由一次侧电流决定的，电流互感器的电流跟匝数成反比例关系。特别强调的是在使用时，电流互感器的变比必须与电流表的变比一致，否则其读数就不准确。交流电流测量电路图如图 4-8 所示。图 4-8（a）为交流电流表直接接入法，图 4-8（b）为用电流互感器扩大量程接入法。

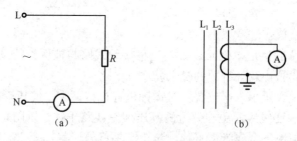

图 4-8　交流电流测量电路图

2. 电压的测量

（1）直流电压的测量。

测量直流电压时，电压表采用并联接法，同时，应合理选择电压表的量程，还要注意仪表的极性，即将电压表的"+"端钮接电路的高电位端，"-"端钮接低电位端。如需扩大量程，应在电压表外串联分压电阻，所串联的分压电阻越大，量程越大。如图 4-9 所示是直流电压测量电路图。

（2）交流电压的测量。

测量交流电压时，电压表不分极性，只需在测量范围内直接将电压表与被测电路并联即可。如被测电压较高，则要选择电压互感器配合使用，电压互感器的二次电压规格一般为 100V。由

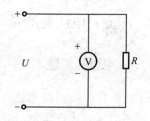

图 4-9　直流电压测量电路图

于电压表内阻很大，切不可串联在电路中，否则会使电路呈开路状态。交流电压测量电路图如图 4-10 所示。图 4-10（a）为电压表直接接入法，图 4-10（b）为用电压互感器接入法。

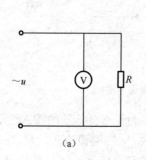

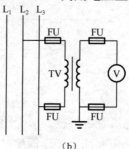

图 4-10　交流电压测量电路图

八、照明电路电能的测量

　　普通照明电路电能的测量一般用到单相电能表、漏电开关、双联开关、扳把开关、插座、普通照明灯、日光灯等用电器具。下图是一般住宅照明电路的电能测量电路图。图中所用日光灯镇流器是电子式镇流器。由于电子式镇流器功率因数高于电感式镇流器，目前也被得到广泛应用，只是在接线上比电感式镇流器多两个接线点。

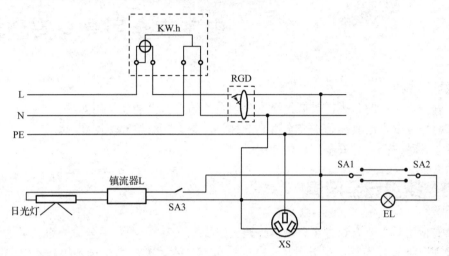

图 4-11　照明电路电能测量电路图

九、思考与练习

　　1．为什么电流表要采用串联接法，而电压表却要采用并联接法？

　　2．100/5 的电流表错接在 200/5 的互感器上会有什么结果？

　　3．万用表量程"250V"是万用表指针在什么位置时的电压值是 250V？

　　4．交流钳形电流表可以测量直流电流吗？在使用仪表时，为什么要将导线置于钳口中间？

　　5．兆欧表除了用于测量绝缘电阻外，还可用来测量吸收比，使用时能否带电测量？

　　6．测量接地电阻时，电压探针应距接地端多少米？

　　7．使用单相电能表时，电流线圈进、出线方向不能接反，否则会出现反转。三相四线电能表如有一相接反，电能表转速会如何变化？

第五章

电工安全用具与安全标识

本章学习重点
* 了解安全用具的分类,掌握绝缘安全用具的结构、性能及使用要求。
* 了解登高安全用具和防护安全用具的种类,掌握其结构和使用要求。
* 掌握各种安全色与安全标志的使用规定。

第一节 绝缘安全用具

绝缘安全用具主要有绝缘棒、绝缘夹钳、绝缘靴(鞋)、绝缘手套、绝缘垫、绝缘台等。

绝缘安全用具分为基本安全用具和辅助安全用具两大类。高压设备的基本安全用具有绝缘棒、绝缘夹钳和高压验电器等。低压设备的安全用具主要有绝缘手套、绝缘靴(鞋)、验电笔等。辅助安全用具起加强基本安全用具的绝缘的作用。

一、绝缘棒

绝缘棒又称绝缘杆(俗称令克棒),一般由电木、胶木、塑料、环氧玻璃布棒或布管制成。其结构分为工作部分、绝缘部分和手握部分。其型号规格也很多,外形各异。如图 5-1 所示是部分绝缘棒的外形图。

绝缘棒主要用来操作高压隔离开关和跌落式熔断器的分合、安装和拆除临时接地线、放电操作等。

绝缘棒在使用前必须认真检查外观,表面不得有机械损伤,其型号规格必须符合规定要求,绝缘棒绝缘部分的长度不得小于0.7m。在操作时,应戴上相应电压等级的绝缘手套,穿上相应电压等级的绝缘靴;使用时,手握部分不能越位,操作应准确、低速、有力,尽量减少与高压接触的时间,还应有专人监护;在雨雪天气使用时,应在棒上安装防雨的伞形罩。绝缘棒还应按规定进行定期绝缘试验。

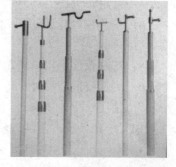

图 5-1 部分绝缘棒外形图

二、绝缘夹钳

绝缘夹钳由电木、胶木或玻璃钢等材料制成,结构也是包括工作部分、绝缘部分、手握部分。其规格外形多种多样,如图 5-2 所示。

图 5-2　绝缘夹钳外形图

该工具是在带电情况下用来安装或拆卸高压熔断器或执行其他类似工作的绝缘安全用具。其使用注意事项与绝缘棒基本相同，但在 35kV 以上的电力系统中，一般不使用绝缘夹钳。绝缘夹钳也应按规定进行定期绝缘试验。

三、绝缘手套和绝缘靴（鞋）

1. 绝缘手套

绝缘手套是用绝缘性能良好的橡胶、乳胶制成的，具有足够的绝缘强度和机械性能。它的作用主要是防止人手触及同一电位带电体或同时触及不同电位带电体而触电。

绝缘手套的规格有 12kV 和 5kV 两种。12kV 绝缘手套最高试验电压达 12kV，在 1kV 以上的电压区作业时，只能作为辅助安全用具，不得接触有电设备；在 1kV 以下电压区作业时，可作为基本安全用具，即戴手套后，两手可以接触 1kV 以下的用电设备（人身体其他部位除外）。5kV 绝缘手套适用于电力工业、工矿企业和农村一般低压电气设备，在 1kV 以下的电压区作业时，只能作为辅助安全用具；但在 250V 以下电压区作业时，可作为基本安全用具；在 1kV 以上的电压区严禁使用这种绝缘手套。绝缘手套应储存在干燥、通风且室温为-15℃～30℃、相对湿度为 50%～80%的库房中；使用 6 个月后应进行一次耐压试验。

2. 绝缘靴（鞋）

绝缘靴（鞋）的作用是使人体与地面绝缘，防止试验电压范围内的跨步电压触电。特别强调一点，绝缘靴（鞋）只能作为辅助安全用具。

常用的绝缘靴（鞋）有 20kV 绝缘短靴、6kV 矿用绝缘长筒靴和 5kV 绝缘鞋。20kV 绝缘短靴的绝缘性能强，在 1～220kV 高压区内可作为辅助安全用具，不能触及高压体；在 1kV 以下电压区可作为基本安全用具，但穿靴后人体各个部位不得触及带电体。6kV 绝缘长筒靴适用于井下采矿作业，在操作 380V 及以下电压的电气设备时，可作为辅助安全用具，特别是在作业面潮湿或有积水、电气设备容易漏电的情况下，可用绝缘长筒靴来防止脚下意外触电事故。

5kV 绝缘鞋也称电工鞋，单鞋有高腰式和低腰式两种；棉鞋有胶鞋式和活帮式两种。按全国统一鞋号，规格为 22 号（35 码）至 28 号（45 码）。5kV 绝缘鞋适合电工穿用，在 1kV 以下电压区作为辅助安全用具，1kV 以上禁止使用。

每次使用前，应检查绝缘靴（鞋）外形，禁止使用破损和超过有效期的绝缘靴（鞋）。穿绝缘靴时应将裤腿套入靴内。非耐酸、碱、油的橡胶底，不可与酸、碱、油类物质接触并应

防止尖锐物刺伤和划伤。绝缘靴（鞋）每 6 个月要进行一次耐压试验。

3. 绝缘垫和绝缘台

绝缘垫由特种胶类绝缘材料制成，有一定的厚度，表面有防滑条纹，广泛应用于发电厂、变电站、配电房、电气试验室及野外带电作业等场所。其作用是为了提高作业人员对地绝缘电阻，防止接触电压和跨步电压对人体的伤害。其耐压等级有 5kV、10kV、20kV、25kV、35kV；颜色有黑色、绿色和红色。绝缘垫每两年要进行一次耐压试验。

绝缘台一般用木板和木条制成，其作用也是为了提高作业人员对地绝缘电阻，防止触电危害。绝缘垫和绝缘台都只能作为辅助安全用具，应根据应用环境的不同，选择合适的规格型号，妥善使用。

四、验电器

验电器是一种直观确定设备是否带电的便携式指示仪器，分为高压验电器和低压验电器两种。

1. 高压验电器

高压验电器是检测 6～35kV 网络中的配电设备、架空线路及电缆等是否带电的专用仪器，分为发光型、声光型、数显型、风车式几类。

使用高压验电器前，应将验电器在确有电源处测试，证明验电器良好，方可使用。使用时，注意手握部分不得超过隔离环；还应逐渐靠近被测物体直到氖灯亮，氖灯亮说明有电；只有氖灯不亮时才可与被测物直接接触。如在室外使用验电器，必须在气候条件良好的情况下进行。在雨、雪、雾及湿度较大的情况下，不宜使用高压验电器。

高压验电器的发光电压不应高于额定电压的 25%。使用时，必须穿戴符合额定电压要求的绝缘手套，身边还需有人监护；测试时要防止相间或对地短路事故的发生；人体与带电体应保持足够的安全距离，10kV 高压的安全距离要在 0.7m 以上。

2. 低压验电器

低压验电器主要是我们常用的验电笔。它主要由笔尖、电阻、氖灯、弹簧及笔身等部件组成。低压验电器的电压范围为 60～500V。使用时，根据氖灯发光的亮度判断被验电压的高低：电压越高，发光越亮；反之越暗。利用验电笔可以区别相线与零线、直流电正极与负极等，还可以用来判断相线碰壳、相线接地、相间短路和线路接触不良等电气故障。验电笔通常分为钢笔式和螺丝刀式两种。使用时要注意验电笔的正确握法，手指必须碰触笔尾的金属部位，否则，微小的电流在电笔中不能形成回路，氖灯不会发光。验电笔的外形规格很多，如图 5-3 所示是验电笔外形图。

（a）钢笔式　　　　　　　　　　　　（b）螺丝刀式

图 5-3　验电笔外形图

五、思考与练习

1. 常用绝缘安全防护用具有哪些？
2. 低压验电器能否验出 500V 以下的电压？
3. 验电时，验电笔发光能否说明线路一定有电？

第二节 登高安全用具

登高是电工作业中必不可少的项目，需要使用登高安全用具。电工常用的登高安全用具主要有梯子、登高板、脚扣。对于不符合电工作业人员条件的和未经现场训练过的人员均不准使用登高安全用具进行登高。

一、梯子

登高电工作业用的梯子主要有直梯和人字梯两种，其规格外形多种多样，如图 5-4 所示。

图 5-4 常用直梯和人字梯外形图

梯子使用时应注意以下安全事项。

（1）使用直梯时，梯脚与墙壁之间的距离不小于梯长的四分之一；梯子与放置地面之间的夹角以 60° 左右为宜，并要有人扶持或绑扎固定；竹梯上作业时，人应勾脚站立。

（2）使用人字梯时，其开脚距离不大于梯长的二分之一；两侧应加拉绳，限制其开脚度；不得骑马站立。

（3）作业时，梯子顶部应不低于人的腰部；禁止在梯子最高处或最上面一、二级横档上作业。

（4）切忌二人同时在梯上作业；不准垫高梯子使用。

（5）雨雪天或冰冻气候在户外使用梯子时，必须采取防滑措施。

二、登高板

登高板又称踏板，是电工常用的攀杆用具。登高板主要由脚板、铁钩和绳索组成，如图 5-5 所示。

图 5-5　登高板外形图

登高板的脚板用坚硬的木板制成，绳索采用截面积不小于 $16mm^2$ 的棕绳或尼龙绳，长度适中，一般取一人一手长为宜，脚板和绳索均应能承受 225kg 的拉力试验。

1. 登高板使用注意事项

（1）使用前应检查脚板有无裂纹或腐朽，绳索有无断股现象。

（2）登杆以前，要先将登高板的铁钩挂好，使脚板离地面 20cm 左右；用人体做冲击载荷试验，检查登高板有无下滑，是否可靠。

（3）挂钩时必须正钩，即钩口向外且向上，切勿反钩。

（4）在电杆上作业时，为了不使登高板摇晃，站立时两脚前掌内侧应夹紧电杆，保证身体平稳。

（5）登高板使用后不能随意往下扔，以免损坏，用后要妥善保管。

2. 使用登高板的技术要领

登杆时，可先将一只登高板背在身上，另一只登高板钩挂在电杆上，右手收紧绳子并抓紧板上的两根绳子，左手压紧登高板左边绳内侧端部，右脚随后跨上登高板。然后两手两脚同时用力，使人体上升。当人体上升到一定高度时，左脚上板绞紧左边绳。待人站稳后，才可在电杆上挂另一只登高板，如此重复交替进行，完成登杆工作。

下杆时，先把上面一只登高板取下，钩口向上，钩挂到正在使用的登高板下方。然后右手握住上一只登高板的左绳，抽出左腿，下滑到适当位置蹬杆，同时左手握住下一只登高板的挂钩，注意钩口要朝上，将其放到适当的位置。接着双手下滑，右脚踩下一只登高板、左脚踩下一只登高板，如此重复交替进行，直至完成下杆工作。

三、脚扣

脚扣也是登高的主要工具，分为水泥杆脚扣和木杆脚扣两种。两者外形的主要区别是水泥杆脚扣扣环上有防滑橡胶套或橡胶垫，木杆脚扣扣环上有突出的铁齿，如图 5-6 所示。

使用脚扣时，应注意以下主要事项。

（1）使用前，必须检查弧形扣环部分有无破裂、腐蚀，脚扣皮带是否损坏，如有应及时更换。

（2）登杆前仍要对脚扣进行人体载荷冲击试验，并检查脚扣皮带是否牢固可靠。

（3）两种规格的脚扣不能混用；上下攀爬时，应将脚扣完全套扣住电杆才能移动身体，避免发生坠落事故。

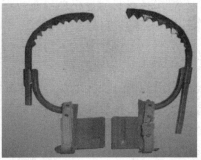

图 5-6　脚扣外形图

三、思考与练习

1. 登高板和脚扣在使用前应做什么试验？
2. 使用竹梯时，梯子与地面的夹角以多少度为宜？

第三节　防护安全用具

一、安全带

安全带是高处作业时预防坠落伤亡事故的防护安全用具，也是登杆作业必备的保护用具。使用登高板和脚扣时应与安全带配合使用。

安全带由腰带、保险绳和金属配件等组成，其规格型号很多，使用时应根据实际情况选用合适的规格，以起到有效的防护作用。如图 5-7 所示是部分安全带的外形。

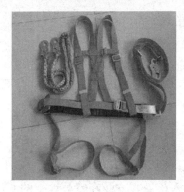

图 5-7　部分安全带外形图

使用安全带时，应注意以下几个重要事项。

（1）使用前必须仔细检查腰带、保险绳、挂钩等部件及连接是否完好无损，挂钩的钩舌口应交口平整不错位，保险装置应完整可靠。

（2）禁止将安全带挂在不牢固或带尖锐角的构件上。

（3）不能将挂钩直接勾在安全带绳上，应勾在安全带绳的挂环上。

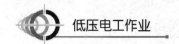

（4）安全带要高挂低用，切不可低挂高用。使用时要缩紧腰带，腰扣组件必须系紧、系正，不要弯曲。三点式腰部安全带应系得低一点，最好系在髋部，不要系在腰部；肩部安全带不能放在胳膊下面，应斜挂胸前。

二、临时接地线

临时接地线是常用的携带型接地线。它主要用于在进行高压电气线路和电力设备停电检修时，防止误合闸使用电设备突然来电和临近带电体所产生的感应电压对人体的伤害。在电气检修中一旦有误合闸现象发生，只要安装了接地线，会即刻形成强大的对地短路电流，使短路保护装置动作而切断电源。电工现场作业人员称之为保命线。临时接地线主要由绝缘操作杆、导线夹、接地端子、接地用软铜线、短路用软铜线、线夹等构成。其规格型号较多，如图5-8所示是部分临时接地线的外形图。

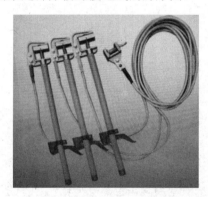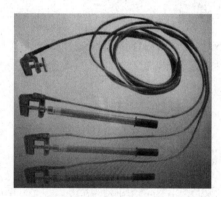

图5-8　临时接地线外形图

临时接地线在使用中要注意以下主要事项。
（1）使用时要对电源进行三相短接并接地。
（2）各导线夹和接地端子的连接必须接触良好、牢固可靠。
（3）接地用软铜线的截面积不得小于 $25mm^2$。
（4）装设临时接地线应先接接地端，后接线路或设备端，拆线时顺序相反。
（5）装设临时接地线必须由两人进行，一人操作，一人监护；装拆时，应戴绝缘手套。

三、遮拦

遮拦是预防直接触电的一种屏护装置。其作用是人为设置屏障，防止作业人员无意碰到或过分接近带电体而触电。遮拦一般用干燥的木材或其他绝缘材料制成。遮拦上应有"止步，高压危险！"等警示标志。遮拦一般设置在过道和入口处。安装在室外地上的变压器及车间或公共场所变配电装置，需装设遮拦或栅栏作为屏护。遮拦的高度不应低于1.7m。

四、护目镜

护目镜是一种防护眼镜，既可以滤光，改变透光强度和光谱，避免辐射光对眼睛的伤害，又能防止飞溅的固体颗粒和液体等对眼睛造成伤害。护目镜的使用应注意：护目镜类型的选择要正确；护目镜的宽窄和大小要符合使用者的要求；护目镜要按说明书的要求使用，用完后妥善保管。

五、思考与练习

1. 临时接地线应采用什么材料？其截面积不得小于多少？
2. 临时接地线为何要对电源进行三相短接？

第四节 安全色与安全标志

一、安全色

安全色是表达安全信息含义的颜色。我国标准规定以红、黄、蓝、绿四种颜色代表不同含义向人们提供禁止、警告、指令、提示等安全标识信息。对于存在不安全因素的环境、设备涂以醒目的安全色，可提高人们对不安全因素的警惕。

1. 红色

红色表示禁止、停止、消防和危险等。禁止、停止和有危险的器件、设备或环境涂以红色标记。

2. 黄色

黄色表示注意、警告。需警告人们注意的器件、设备或环境涂以黄色标记。

3. 蓝色

蓝色表示指令，即必须遵守的规定。如必须佩带个人防护用具应以蓝色表示。

4. 绿色

绿色表示安全、通行和提示信息。可以通行或安全的情况涂以绿色标记。如通行、设备启动按钮、安全信号旗等都应以绿色表示。

另外，在电气上用黄、绿、红三色分别表示 L1、L2、L3 三相电源的相序，用淡蓝色表示零线。

二、安全标志

安全标志由安全色、几何图形与图形符号构成，表达特定的安全信息，提醒人们注意或按标志上注明的要求去执行。它一般分为禁止标志、警告标志、指令标志和提示标志四类。

1. 禁止标志

禁止标志是禁止或制止人们实行不安全行为的图形标志。其基本形状为带斜杠的圆边框。圆边框和斜杠为红色，图形符号为黑色，衬底为白色，如图 5-9 所示。

图 5-9　禁止标志

2. 警告标志

警告标志是提醒人们注意周围环境、避免可能发生的危险的标志。其基本形状为正三角形边框，顶角朝上；三角形边框及图形符号为黑色，衬底为黄色，如图 5-10 所示。

图 5-10　警告标志

3. 指令标志

指令标志是强制人们必须做某种动作或采取某种必要防范措施的图形标志。图形符号为白色，衬底为蓝色，如图 5-11 所示。

图 5-11　指令标志

4. 提示标志

提示标志是向人们提供某种信息的图形标志。其基本形状是方形，图形符号为白色，衬底为绿色，如图 5-12 所示。

另外，还有一些移动使用的文字标志牌的颜色标识也必须掌握。

（1）"禁止合闸，有人工作"是白底、红字。

（2）"禁止攀登，高压危险"是白底红边、黑字。

图 5-12 提示标志

（3）"禁止合闸，线路有人工作"是红底、白字。

（4）"止步，高压危险"是白底红边、黑字有红箭头。

（5）"已接地"是绿底、黑字。

三、思考与练习

1．三相电源的相序分别用什么颜色表示？

2．"禁止攀登，高压危险"标志牌应如何标识颜色？

3．"禁止合闸，有人工作"标志牌应如何标识颜色？

第六章

电工工具及移动式电气设备

本章学习重点
* 了解常用电工工具的规格，掌握其使用注意事项。
* 了解常用手持式电动工具的种类，掌握其使用要求。
* 掌握常用移动式电气设备的使用安全要求。

第一节　常用电工工具

一、钢丝钳

钢丝钳又称克丝钳、老虎钳，是用于剪切或夹持导线、金属丝及工件的常用钳类工具。其结构外形如图 6-1 所示。其钳口用于弯绞和钳夹线头或其他物体；齿口用于旋动螺钉、螺母；刀口用于剪断导线、起拔铁钉、剥削导线绝缘层等；铡口用于铡断硬度较高的金属丝。钢丝钳规格较多，常用规格以全长表示，有 150mm、175mm、200mm 三种。电工用钢丝钳柄部有塑料或橡胶绝缘套，可用于 500V 以下的带电作业。

图 6-1　钢丝钳外形图

钢丝钳在使用时要注意以下主要事项。

（1）使用前必须仔细检查绝缘套是否完好，否则不能用于带电作业。

（2）在带电切断电线时，不得将相线和零线或不同相位的相线同时在一个刀口处剪断，以免发生短路。

（3）钢丝钳只允许在 500V 以下的情况下带电作业，切不可用于高压带电作业。

（4）钢丝钳不能用于敲打工具与铁钉，以免刀口错位或转轴受损。

二、尖嘴钳

尖嘴钳头部尖细，适合在狭小空间操作。它除了头部形状与钢丝钳不同外，其他功能与钢丝钳相似，主要用于剪断较小的导线、金属丝，夹持小螺钉、垫圈，并可将导线端头弯曲成型，也可用于低压带电作业。其结构外形如图 6-2 所示。

三、螺丝刀

螺丝刀又名改锥或起子。按其功能和头部（刀口）形状分为十字形和一字形，如图6-3所示。

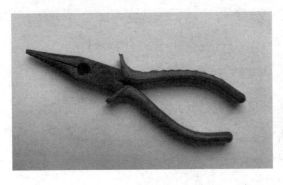

图6-2　尖嘴钳外形图

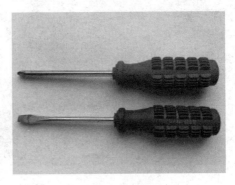

图6-3　螺丝刀外形图

螺丝刀按其握柄材料的不同，一般分为木柄、塑料柄、橡胶柄等。螺丝刀的规格是以柄部外面的金属杆身长度或直径表示的，常用的有 50mm、100mm、150mm、200mm、300mm 等多种规格。多用螺钉旋具的规格是以它的全长表示的。

螺丝刀使用时，应按螺钉的规格选用合适的刀口，不可以小代大或以大代小，且禁止带电使用。

四、电工刀

电工刀主要用于剖削绝缘层、削制木榫、切割木台缺口等。电工刀有一刀一用、二用及多用三种规格，其样式很多。多用电工刀除了刀片外，还有锯片和锥子等，如图6-4所示。

图6-4　多用电工刀外形图

电工刀使用时应注意以下主要事项。

（1）使用时应将刀口朝外剖削，刀面与导线成较小锐角，以免割伤导线。

（2）电工刀第一次使用应开刃，刀尖避免在硬器上划损或碰缺，保持刀口锋利。

（3）刀刃用钝后，应在油石或细磨石上磨削至锋利。

（4）普通电工刀刀柄无绝缘保护，禁止带电使用。

五、剥线钳

剥线钳用于剥削截面积 $6mm^2$ 以下的绝缘导线线头的绝缘层，主要组成部分包括钳头和手柄。钳头工作部分有 0.5～3mm 多个不同孔径的半圆切口，用于剥削不同规格的线芯绝缘层。剥削时，为了不损坏线芯，绝缘线头要放在稍大于线芯的切口上剥削。剥线钳规格型号很多，如图 6-5 所示是常用的剥线钳外形图。

图 6-5　常用剥线钳外形图

六、电烙铁

电烙铁是电气设备维修中不可缺少的工具，其主要作用是焊接和拆除电子元器件及导线等。电烙铁的规格型号很多，可分为内热式、外热式、恒温式等，但最常用的还是内热式与外热式两类。如图 6-6 所示是常用电烙铁的外形。

图 6-6（a）是内热式电烙铁，图 6-6（b）是外热式电烙铁。内热式电烙铁功率较小，一般为 20～50W，外热式电烙铁的功率为 25～300W。内热式电烙铁具有发热快、耗电少、效率高、体积小等优点，电子元器件锡焊多采用内热式电烙铁，功率 25W 左右即可满足焊接要求。

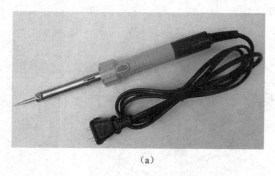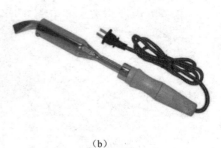

（a）　　　　　　　　　　　　　　　　　　　　　　（b）

图 6-6　电烙铁

使用电烙铁时应注意以下事项。

（1）选用的烙铁头的形状要适应被焊物焊点与元器件密度的要求。

（2）烙铁头的热容量应能满足被焊物的要求。

（3）初次使用电烙铁时，应对烙铁头搪锡。焊接过程中要保持烙铁头清洁，氧化物或污物应在石棉毡等织物上擦净，以免影响焊接质量。

（4）电烙铁暂停使用时要放在烙铁架上，烙铁头不可碰触电源线，防止烫坏导线。使用结束，要待烙铁头完全冷却后才可收起保管。

七、思考与练习

1. 螺丝刀的规格是以什么表示的？
2. 锡焊晶体管等电子元件，宜选用何种功率的电烙铁？

第二节 手持式电动工具

常用手持式电动工具主要有手电钻、冲击电钻、电锤、手砂轮、手电锯等。由于这些设备在使用时需要经常移动，且要用手紧握，发生漏电和其他事故的危险性大，所以在安全管理方面应特别重视。

一、手持式电动工具的分类

手持式电动工具主要有按触电保护方式和按防潮程度两种分类方式。

（1）按触电保护方式可将手持式电动工具分为三类。

Ⅰ类电动工具是普通电动工具。该类工具的常用电源电压为 220V 或 380V，防触电保护措施除了依靠基本绝缘外，还要有防间接触电的措施（即保护接地或保护接零）。Ⅰ类电动工具也可以有双重绝缘或加强绝缘的结构部件，也可以有在安全电压下工作的结构部件。Ⅰ类电动工具的外壳一般都是金属的。

Ⅱ类电动工具是绝缘机构全部采用双重绝缘的电动工具，其额定工作电压一般不超过 380V。该类工具可不设置保护接地和保护接零。Ⅱ类电动工具按其外壳构成情况，可分为三种：第一种是绝缘外壳的Ⅱ类电动工具；第二种是金属外壳的Ⅱ类电动工具，其内部采用双重绝缘，特殊情况下采用加强绝缘；第三种是兼有以上两种外壳的综合型Ⅱ类电动工具。虽然Ⅱ类电动工具的外壳有金属和非金属两种，但手持部分都是非金属的，且在非金属处有"回"符号标志。在一般场合，为保证使用安全，应选用Ⅱ类电动工具。

Ⅲ类电动工具是工作在安全特低电压下的电动工具，其额定工作电压不超过 50V。由于该类工具防止触电的保护措施是靠安全特低电压供电来实施的，因此在工具内部不得产生比安全特低电压高的电压，提供特低电压供电的电源必须符合安全电压电源的要求。另外，Ⅲ类电动工具的绝缘必须符合加强绝缘的要求。该类工具在使用时，也不必采用保护接地或保护接零措施。

（2）按防潮程度的不同，手持式电动工具又可分为普通工具、防溅工具和水密工具三类。

二、手持式电动工具的使用要求

1. 根据不同的使用环境，选择合适的手持式电动工具

（1）一般场所，应选用Ⅱ类手持式电动工具。这样做，可以减少大量的使用Ⅰ类电动工具必需的安全防护措施。

（2）在潮湿或金属构架上等导电良好的场合使用时，应选用Ⅱ类或Ⅲ类电动工具。若使用Ⅰ类电动工具，就必须装设额定漏电动作电流 30mA、动作时间不大于 0.1s 的漏电保护器。

（3）在锅炉、金属容器、管道等狭窄且导电良好的场所内作业时应使用Ⅲ类电动工具。

若使用Ⅱ类电动工具，就必须装设额定漏电动作电流不大于 15mA、动作时间不大于 0.1s 的漏电保护器。

使用时，Ⅱ类电动工具的漏电保护器、Ⅲ类电动工具的安全隔离变压器、Ⅱ/Ⅲ类电动工具的配电箱及电源连接器等必须放在工作场所的外面，并且还要设专人监护，如有故障可随时拉闸。

（4）特殊环境，如雨雪、湿热及存在爆炸性或腐蚀性气体的环境，使用的电动工具必须符合相应的防护等级的安全技术要求或按（2）中的要求实施。有爆炸性气体的场所必须使用防爆型电动工具。

2. 电缆、开关、插座的选用要求

手持式电动工具所用的电缆、开关、插座必须符合下列要求。

（1）Ⅰ类电动工具的电源线：单相电动工具必须使用三芯防水线；三相电动工具必须使用四芯多股铜芯橡皮护套软电缆线。黄、绿双色线只能作为保护接地或接零线，不得用于其他场合。

（2）防水线、软电缆或软导线不得任意加长，插头也不得任意拆换。不得手提电源线移动电动工具。

（3）电动工具所用的插头、插座必须配套，额定电压和额定电流等均应符合相关标准。

3. 手持式电动工具使用注意事项

（1）使用前需辨认铭牌，检查工具性能是否与使用条件相适应。同时，还要检查外观，开关和其他部件不得有破损和接触不良现象。

（2）电源线应符合要求，单相用三芯、三相用四芯橡皮绝缘软电缆，中间不得有接头。

（3）使用Ⅰ类电动工具应配用绝缘用具，要有良好的保护接地或保护接零措施，保护零线与工作零线必须分开，还要装设漏电保护装置。

（4）绝缘电阻必须符合要求，其中Ⅰ类电动工具不低于 2MΩ，Ⅱ类电动工具不低于 7MΩ。

（5）修理后的手持式电动工具不得降低安全技术指标。

（6）手持式电动工具应由安全监管部门或专业人员定期进行检查，并贴有效的合格标志。

三、思考与练习

1．手持式电动工具如何分类？
2．Ⅲ类手持式电动工具的工作电压应不超过多少伏？
3．手持式电动工具按触电保护情况分为几类？各类有何特点？

第三节　移动式电气设备

移动式电气设备很多，包括电焊机、蛙式打夯机、振捣器、水磨石磨平机等。

移动式电气设备可参考手持式电动工具的要求进行维护、保养与使用，但要注意其自身特别的用电环境特点，落实好各项安全要求。

一、使用安全要求

（1）使用前，按固定设备要求对移动设备进行检测及试验，主要包括外观检查、附件是否齐全完好、接线是否正确、绝缘电阻是否符合要求等。

（2）严格按使用说明书的要求接线与操作，使用过程中应有人监督。设备应由专人保管、维护，并建立设备档案，及时做好运行记录。

（3）移动设备使用的电源必须符合设备要求，容易拉伸和弯曲的导线必须采用高强度铜芯橡皮护套软绝缘电缆。保护接地和保护接零线的截面积应与相线相同。为防止电缆受损，宜采用架设或穿钢管保护的方式布线。

（4）供电电源应使用合适的控制箱或控制柜，并与设备一同进行检测及试验。自制的控制箱必须符合设备的使用与安全要求。

（5）接地应符合固定电气设备的要求，但如有下列情况可以不接地。

① 安装在与机械同一金属底座上，且只供给设备本身用电，而不向其他设备供电的移动式发电设备；

② 由专用移动式发电设备供电的机械设备不超过两台，且与移动式发电设备的距离不大于 500m，两设备外壳之间有金属连接。

（6）移动式机械设备应与供电电源的接地装置有金属的可靠连接。在中性点不接地的电网中，可在移动式机械附近装设若干接地体，以代替敷设接地体，并可利用附近的自然接地体接地。

（7）移动式电气设备应有防雨及防雷设施，必要时设置临时工棚。不得手拉电源线来移动设备。电源线应有可靠的防护措施。

（8）对于修理后的移动式电气设备，必须严格做好修后试验，确认完全合格后方能使用。

二、思考与练习

1. 移动式电气设备的电源线应选用什么线？
2. 移动式电气设备是否可以参考手持电动工具的有关要求进行使用？

低压电气设备

本章学习重点

* 掌握常用低压控制电器和低压配电电器的结构、原理，熟练掌握低压电器的选用原则。
* 掌握低压配电装置的安全运行技术要求。
* 熟练掌握低压带电作业的基本要求。

低压电气设备中应用最多的是低压电器，它是组成电力拖动控制电路的基本元件。所谓低压电器通常是指工作在交流 1 000V、直流 1 200V 及以下的电器。低压电器分为低压控制电器与低压配电电器两大类：低压控制电器以主令电器、接触器、继电器为主，除接触器外，多数用于控制电路中；低压配电电器以各类开关和熔断器为主，多数用于主电路中。

第一节　低压控制电器

一、主令电器

主令电器是在电气控制系统中用来发送和转换控制指令的电器。它一般用于控制接触器、继电器或其他电气线路的接通与断开，实现对电力传输系统或生产过程的自动控制。

主令电器的种类很多，在此主要介绍常用的按钮开关、行程开关、转换开关等。

1. 按钮开关

按钮开关简称按钮，是一种手动电器。它适用于交流 500V、直流 440V，电流为 5A 及以下的电路。由于按钮的额定电流较小，所以它只适用于二次电路，不适用于直接控制主电路。

按钮的型号规格较多，常用的有 LA2、LA18、LA19、LA20 等系列。其结构主要由按钮帽、复位弹簧、常闭触点、常开触点、接线桩及外壳组成。

（1）常用按钮的型号含义。

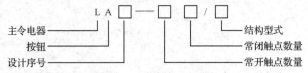

结构型式：K—开启式，H—保护式，Y—钥匙式，J—紧急式，D—带灯式，X—旋钮式，S—防水式，F—防腐式

（2）按钮的选用。

按钮有不同的触点数量和触点型式，所以分为常开按钮、常闭按钮和复合按钮。复合按钮是按钮在使用时既用常开触点，又用常闭触点。按动时，常闭触点断开，常开触点闭合，不过常开、常闭触点的动作有一个微小的时间差，即常闭触点先断开，常开触点再闭合；松开时，常开触点先复位，而后常闭触点再复位。因此，按钮的选用应先考虑好型号，再根据使用场合的要求和按钮的特点进行综合考虑。一般情况下，常开触点按钮作为电动机的起动按钮，常闭按钮作为电动机的停止按钮。普通按钮有 2 对常开触点、2 对常闭触点，特殊情况下还可以组合成 6 对常开触点或 6 对常闭触点。另外在实际应用时，还要考虑按钮颜色，一般起动按钮用绿色，停止按钮用红色；特殊结构型式应根据使用要求进行合理选定。

（3）按钮外形图（图 7-1）。

图 7-1　按钮外形图

2. 行程开关

行程开关又叫位置开关，属于主令电器的一种。其作用和按钮开关相同，都是对控制电路发出接通、断开及信号转换等指令的电器。所不同的是按钮靠手动操作，而行程开关靠生产机械的某些运动部件对它的传动部位发生碰撞而令其触点动作、分断或转换电路，从而限制生产机械的行程、位置或改变运动状态。因此，它是电气自动化中不可缺少的低压电器。行程开关的型号规格很多，根据使用场合的不同，一般分为普通场合用和机床控制电路用两大类，常用的有 LX2、LX19 和 JLXK1 等系列。

（1）常用行程开关的型号含义。

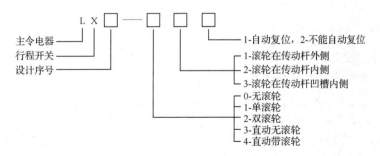

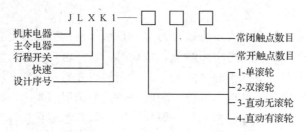

（2）行程开关的选用。

行程开关的选用应根据使用现场的要求与条件、被控制电路的特点来综合考虑。由于行程开关与生产机械的碰撞有不同的形式，常用的碰撞形式有直动式（按钮式）与滚轮式（旋转式）。滚轮式又分为单滚轮式和双滚轮式两种。单滚轮式具有自动复位功能，运动中的挡块碰撞单滚轮后，行程开关触点立即动作，即常闭触点断开，指令生产机械停车，同时常开触点闭合，接通需要控制的电路；挡块离开滚轮后，行程开关触点立即复位，为下一次动作做准备。双滚轮式行程开关一般不具备自动复位功能：在使用中，当生产机械挡块碰撞第一个滚轮时，行程开关触点动作，发出指令信号，生产机械挡块离开滚轮后，触点不能自动复位，必须要生产机械挡块碰撞第二个滚轮，触点方能复位。因此，用户一定要搞清楚使用场合的需要，再根据开关的特点，选择合适的行程开关。

另外，行程开关在使用时，要严格控制安装质量：安装位置要精确，切不可偏离；滚轮方向不能装反，与生产机械挡块的碰撞位置应符合电路要求，否则将无法实现准确的行程控制。

（3）行程开关外形图（图7-2）。

图7-2　行程开关外形图

3. 转换开关

（1）转换开关简介。

转换开关又称组合开关，属于手动控制电器。该类开关的结构特点是用动、静触片代替闸刀。其操作方式是采用旋转操作。它有单极与多极之分，可作为电源开关，或用于控制5.5kW以下电动机的起动、停止、反转。转换开关的种类较多，有10A、25A、60A、100A等多种规格，额定电压为直流220V、交流380V。Hz10—25/3型转换开关表示该开关额定电流25A，有3对动、静触片，手柄能沿左右方向旋转，每次旋转90°、带动3对动、静触片接通或断开，从而控制三相电源的通断。Hz10系列转换开关的额定电流一般取电动机额定电流的1.5～2.5倍。

还有一种转换开关是 LW 系列，称为万能转换开关。其结构是由多层凸轮和与之对应的触点及底座组装而成的。由于这类开关挡位多、触点多、触点功能多，故有"万能"之称。该类开关常用于控制小容量电动机的起动、停止、调速、正转、反转，也可作为电压表、电流表的换相开关。

（2）转换开关外形图（图7-3）。

图7-3　转换开关外形图

二、接触器

接触器是一种用来频繁接通和断开电动机或其他负载主电路，并且能够实现远距离控制的电器。按断开的电流的种类不同，接触器分为交流接触器和直流接触器两种。

1. 交流接触器

交流接触器通常用于远距离接通和断开电压在 380V 以内、电流在 600A 以内的工频交流电路，以及频繁起动和控制交流电动机。CJ20 系列接触器还可控制更大电流的交流电路。

（1）交流接触器的结构。

交流接触器的结构主要由触头系统、电磁系统和灭弧装置三大部分组成。

触头系统由两部分组成：一部分是主触头，另一部分是辅助触头。主触头用来连接和断开主电路，接触器额定电流就是指主触头长期允许通过的电流。主触头一般由 3 对常开触头组成，体积较大。辅助触头用来通断小电流的控制电路，体积较小，额定电流一般在 5A 以内。辅助触头分常开和常闭两种。常开触头又叫动合触头，是指线圈未通电时，其动、静触头处于断开状态，当线圈一通电，触头马上闭合；常闭触头的状态跟常开触头相反。接触器的常开与常闭触头是联动的，但二者之间有一个很短的时间间隔，即线圈通电时，常闭触头先断开，常开触头随即闭合；当线圈断电时，常开触头先恢复断开，随即常闭触头恢复原来的闭合状态。

电磁系统是用来控制触头的闭合和断开的，由静铁芯、动铁芯和吸引线圈三部分组成。线圈通电，铁芯被磁化，产生足够的电磁吸力，动、静铁芯吸合，通过连杆带动触头动作：主触头闭合，接通主电路；辅助触头动作，控制二次电路。

灭弧装置主要采用灭弧罩，利用栅片灭弧原理，将主触头断开时产生的强电弧的整弧切成短弧，使电弧的热量尽快散发，促使强电弧熄灭，从而提高了触头的使用寿命。

交流接触器的机械寿命是指其在不带负载时的操作次数，一般可达 600～1 000 万次，而电寿命只有机械寿命的 1/20。

（2）交流接触器的型号含义。

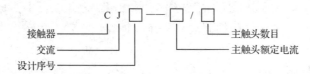

（3）交流接触器技术参数。

下面以目前较常用的 CJ20 系列交流接触器为例说明交流接触器的技术参数，见表 7-1。

表 7-1　CJ20 系列交流接触器技术参数

型　号	额定电压（V）	主触头额定电流（A）	辅助触头额定电流（A）	线圈额定电压（V）	可控制三相交流电动机最大功率（kW）		额定操作频率（次/小时）
					220V	380V	
CJ20—10		10			2.5	4	
CJ20—16		16			4.5	7.5	
CJ20—25		25			5.5	11	≤1200
CJ20—40	500	40	5	36、127	11	22	
CJ20—63		63		220、380	18	30	
CJ20—100		100			28	50	
CJ20—160		160			48	85	
CJ20—250		250		127	80	132	≤600
CJ20—400		400		220、380	115	220	
CJ20—630		630			175	300	

注：因为大于 630A 的交流接触器不太常用，其技术参数未列入。

（4）交流接触器的选择。

交流接触器的额定电流应大于负载电路的额定电流；对于一般性负载，交流接触器额定电流取 1.1～1.3 倍负载电流为宜；但对于频繁起动和频繁正、反转的使用场合，交流接触器额定电流还要增大一级使用。

交流接触器主触头额定电压应大于或等于负载的额定电压。交流接触器吸引线圈的电压应与电源电压一致，一般选择 220V 或 380V。如果控制线路复杂、使用的电器比较多，为安全起见，线圈额定电压可选低一些，但需增设一个控制变压器。

常用交流接触器的外形如图 7-4 所示。

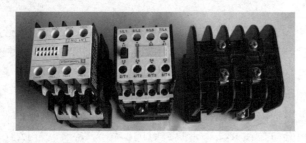

图 7-4　常用交流接触器外形图

2. 直流接触器

直流接触器主要用于接通和断开额定电压在 440V 以内、额定电流在 600A 以内的直流电路，或直接控制直流电动机的低压电器。直流接触器的结构与交流接触器大同小异，也是由触头系统、电磁系统和灭弧装置三大部分组成的。由于直流接触器主要用于控制直流设备，电磁线圈中通的是直流电，铁芯中不需要短路环。灭弧装置主要采用磁吹式灭弧装置。直流接触器常用型号为 CZ0 系列，其额定电流为 40～600A，线圈电压为 24～220V。直流接触器由于通的是直流电，不产生冲击起动电流，从而就不会产生铁芯猛烈撞击现象，因此寿命长，适用于频繁起动的场合。CZ0 系列直流接触器技术参数见表 7-2。

表 7-2　CZ0 系列直流接触器技术参数

型　　号	额定电压（V）	额定电流（A）	主触点		最大分断电流（A）	辅助触点		吸引电压（V）
			常开	常闭		常开	常闭	
CZ0—40/20		40	2	0	160	2	2	
CZ0—40/02		40	0	2	100	2	2	
CZ0—100/10		100	1	0	400	2	2	
CZ0—100/01		100	0	1	250	2	2	
CZ0—150/10	440	150	1	0	600	2	2	24
CZ0—150/01		150	0	1	375	2	1	48
CZ0—250/10		250	1	0	1000			110
CZ0—250/20		250	2	0	1000	共 5 对，其中一对为固定常开，另 4 对可任意组合		220
CZ0—400/10		400	1	0	1600			
CZ0—400/20		400	2	0	1600			
CZ0—600/10		600	1	0	2400			

三、继电器

继电器是一种自动与远距离控制用的低压电器，广泛用于自动控制、遥控、遥测、电力保护等系统中，起着控制、检测和保护作用。继电器的种类很多，在此，主要介绍常用的热继电器、时间继电器、速度继电器、电流继电器和电压继电器。

1. 热继电器

热继电器是利用电流的热效应来切换电路的保护电器。当电流通过发热元件时，产生的热量使双金属片受热弯曲推动触点动作，从而实现对电动机的过载保护、断相保护及电流不平衡运行保护。

（1）热继电器的结构与外形。

热继电器主要由发热元件、双金属片、触头系统、动作机构、复位按钮等部分组成。其中，发热元件是由特殊材料制成的电阻丝，双金属片是由两种热膨胀系数不同的金属片焊合而成的。使用时将发热元件串接在主电路中，如电路过载，发热量增大，使双金属片弯曲程度增大而推动触点动作，使主电路断电，从而起到保护作用。触头系统有 1 对常开触头和 1 对常闭触头。在使用时，大多是将常闭触头串联在接触器的线圈回路里。动作机构由导板、推杆、动触头连杆和弹簧等部分组成。复位按钮用于继电器过载动作后的手动复位。JR 系列双金属片式热继电器的外形如图 7-5 所示。

图 7-5　JR 系列双金属片式热继电器外形图

（2）热继电器的型号含义。

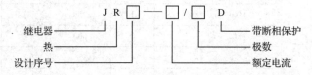

（3）热继电器的技术参数。

热继电器的型号规格较多，各型号的技术参数大同小异，下面介绍常用的 JR16 系列热继电器的技术参数，见表 7-3。

表 7-3　JR16 系列热继电器技术参数

型　　号	额定电流（A）	发热元件规格	
		额定电流（A）	刻度电流调节范围
JR16—20/3 JR16—20/3D	20	0.35	0.25～0.3～0.35
		0.50	0.32～0.4～0.5
		0.72	0.45～0.6～0.72
		1.1	0.68～0.9～1.1
		1.6	1.0～1.3～1.6
		2.4	1.5～2.0～2.4
		3.5	2.2～2.8～3.5
		5.0	3.2～4.0～5.0
		7.2	4.5～6.0～7.2
		11	6.8～9.0～11.0
		16	10.0～13.0～16.0
		22	14.0～18.0～22.0

续表

型　　号	额定电流（A）	发热元件规格	
		额定电流（A）	刻度电流调节范围
JR16—40/3 JR16—40/3D	40	0.64	0.4～0.64
		1.0	0.64～1.0
		1.6	1.0～1.6
		2.5	1.6～2.5
		4.0	2.5～4.0
		6.4	4.0～6.4
		10	6.4～10
		16	10～16
		25	16～25
		40	25～40

（4）热继电器的选用。

热继电器的选用要视负载的不同情况而定。

① 对于三相电流相等的负载，可选用两个发热元件的热继电器；对于负载电流和电压均衡性较差的场合，应选用三个发热元件的热继电器；对于定子绕组接成三角形的电动机保护应选用带断相保护的热继电器。

② 热继电器的额定电流等级应与电动机的额定电流相近。热继电器发热元件整定电流的确定与负载性质有关：电阻性负载整定电流可选择与负载电流相等或略低一点；电感性负载的整定电流可选择负载电流的1～1.15倍；但对于过载能力较差的电动机，其整定电流可选择略低于负载电流。

注意：普通双金属片式热继电器适用于轻载和不频繁起动电动机的过载保护；而对于重载和频繁起动的电动机及振动较强烈的使用场合，可采用过电流继电器作为过载保护。

2. 时间继电器

时间继电器是利用电磁原理、电子技术或机械动作原理来延迟触头动作的控制电器，它在自动控制电路中起着重要作用。时间继电器按动作原理可分为电磁式、空气阻尼式、电动式和晶体管式等，按延时方式的不同可分为通电延时型和断电延时型。

1）JS7—A系列空气阻尼式时间继电器

（1）结构原理。

该系列时间继电器由电磁机构、延时机构和触头系统三大部分组成。该系列时间继电器是利用调节气囊中空气量的大小来获得延时动作的。其优点是结构简单，价格便宜；缺点是延时误差较大，无调节刻度指示，难以精确地整定延时时间。

（2）JS7—A系列时间继电器的型号含义。

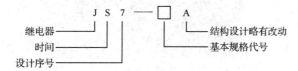

基本规格代号分为1、2、3、4，其含义为：

1—通电延时，无瞬时触头；

2—通电延时，有瞬时触头；

3—断电延时，无瞬时触头；

4—断电延时，有瞬时触头。

（3）JS7—A系列时间继电器技术参数（表7-4）。

表7-4　JS7—A系列时间继电器技术参数

型号	吸引线圈电压（V）	触头容量		延时触头数量				瞬时动作触头数量		延时整定范围（s）
		额定电压（V）	额定电流（A）	通电延时		断电延时				
				常开	常闭	常开	常闭	常开	常闭	
JS7—1A	24、36、110、220、380	380	5	1	1	—	—	—	—	
JS7—2A				1	1	—	—	1	1	0.4~60
JS7—3A				—	—	1	1	—	—	0.4~180
JS7—4A				—	—	1	1	1	1	

（4）JS7—A系列时间继电器外形如图7-6所示。

图7-6　JS7—A系列时间继电器外形图

2）晶体管式时间继电器

晶体管式时间继电器是利用RC电路电容充放电原理制成的。改变充电电路的时间常数（即改变电阻值）便可整定其延时时间。其特点是延时范围大、精度高、体积小、耐震动、调节方便、寿命长、品种多。常用型号有JS20、JS14等。

常用晶体管式时间继电器外形如图7-7所示。

图7-7　常用晶体管式时间继电器外形图

3）电动式时间继电器

电动式时间继电器是利用一个小型同步电动机来带动传动装置进行延时的。其优点是精度高、延时范围大，可达几十个小时；缺点是结构复杂、成本高、寿命较短、不适于频繁操作、对电源频率稳定度要求高。常用型号有 JS11 系列。

3. 速度继电器

速度继电器又称反接制动继电器，是一种用于电动机反接制动时防止电动机反转的专用继电器。其结构主要由定子、转子和触点三大部分组成。定子的结构与鼠笼式异步电动机相似。转子是一块永久磁铁，能绕轴旋转，使用时与电动机共轴安装，随电动机一起转动。当转速在 300r/min 以上时，速度继电器动作；当转速降到 100r/min 以下时，速度继电器复位。在反接制动电路中，就是利用速度继电器触点复位时提前切断反接电源来防止电动机反转的。速度继电器的型号有 JY1 和 JFZ0 等。JY1 型速度继电器外形如图 7-8 所示。

图 7-8　JY1 型速度继电器外形图

4. 电流继电器

电流继电器是反映电流变化的控制电器。电流继电器分为过电流继电器和欠电流继电器。过电流继电器在电路正常工作时其触点不动作，当通过电磁线圈的电流达到或超过整定值时其触点动作，切断负载电源，起到过电流保护作用。欠电流继电器在电路正常工作时通过电磁线圈的电流正常，衔铁吸合，触点动作；只有当电流降低到某一整定值时，继电器才释放，触点复位，切断电源，从而起到欠电流保护作用。电流继电器线圈匝数不多，电阻较小，在电路中采用串联接法。

（1）电流继电器的型号含义。

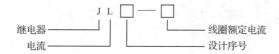

（2）过电流继电器的选用。

过电流继电器有定时限和反时限之分。一般情况下，电阻性负载可采用定时限过电流继电器；电感性负载由于起动电流较大，宜采用反时限过电流继电器。过电流继电器额定电流的选择可按不同情况决定：对于小容量直流电动机和绕线式异步电动机的保护，继电器的额定电流可选择与电动机长期工作的额定电流大致相等；对于频繁起动的电动机，继电器的额定电流应选择稍大一些。过电流继电器的整定值可根据负载情况进行合理整定。

（3）部分新式电流继电器外形图（图7-9）。

过电流继电器　　　　　　　　　　欠电流继电器

图 7-9　部分新式电流继电器外形图

5. 电压继电器

电压继电器有过电压继电器、欠电压继电器及零电压继电器之分。过电压继电器在正常电压时不动作，只有当电压超过整定电压值，通常是达到额定电压的110%以上时才动作，对电路进行过电压保护。欠电压继电器在正常电压时吸合，当电压降到额定电压的 40%～70%时释放，对电路进行欠电压保护。零电压继电器当电压降为额定电压的 5%～25%时动作，对电路进行零电压保护。电压继电器的线圈匝数多、电阻大，在电路中采用并联接法。电压继电器的型号规格较多，用户可根据实际需要，结合产品进行合理选用。如图 7-10 所示是一种新型电压继电器的外形图。

图 7-10　一种新型电压继电器外形图

四、思考与练习

1. 万能转换开关的定位结构是否采用滚轮卡转轴辐射型结构？

2. 热继电器的双金属片是由几种热膨胀系数不同的金属材料压制而成的？它能否用于电路的速断保护？

3．交流接触器的机械寿命可达多少次？电寿命是机械寿命的几分之几？

第二节　低压配电电器

一、刀开关

1. 开启式负荷开关

（1）开关简介。

开启式负荷开关也称瓷底胶盖刀开关。开关以 HK 系列为主，不设专门的灭弧设备，采用胶木盖防止电弧灼伤人手，但操作者在拉、合闸的过程中必须动作迅速，使电弧尽快熄灭。该开关在内部装设了保险丝，具备短路保护功能。该开关有二极、三极之分，额定电流有 15A、30A、60A 三种规格。二极的开关通常用于一般电路作为隔离或负荷开关，三极的开关可控制5.5kW 以内的交流电动机的正常运行。特别注意的是，该类开关不可倒装，即闸刀在合闸状态时，手柄应向上，以防误合闸；该开关的电源线应接在底部静触点连接处。

（2）二级开启式负荷开关外形图（图 7-11）。

图 7-11　二极开启式负荷开关外形图

2. 铁壳开关

铁壳开关又称封闭式负荷开关，适用于不频繁接通和断开负载电路，可用来控制 28kW 以下交流电动机的不频繁直接起动和停止，并具有较好的安全防护性能及线路末端的短路保护。

铁壳开关主要由刀开关、熔断器、操作机构和外壳组成，其特点是采用了储能分闸方式，提高了开关的通断能力，延长了使用寿命；另外，开关还设置了联锁装置，确保了使用安全。

铁壳开关由于外壳是金属的，因此，在安装时外壳必须可靠接地。铁壳开关在控制电动机起动和停止时，其额定电流应大于或等于电动机额定电流的两倍。

3. 板形刀开关

板形刀开关常用于低压配电屏内或进户线上作为不带负荷的隔离开关。其接线方式分为板前接线和板后接线两种；极数有两极和三极；额定电压为 380V；额定电流有 200A、400A、600A、1 000A、1 500A 等多种。该类刀开关由于没有可靠的灭弧装置，故不可带负荷拉闸。

二、断路器

断路器又名自动开关、自动空气开关，它除了可用于接通和断开负载电路外，还具有过载、短路、欠压等保护功能。如在电路中出现以上三种故障，断路器会自动切断电源，故有"自动"之称。其特点是分断能力强、操作安全。其开关类型有塑壳式（装置式）、万能式（框架式）两种。

1. 结构

不同类型的断路器的结构差异较大，但基本的保护功能、特点是相似的。常用的塑壳式断路器有 DZ5、DZ15、DZ20、DZX 等系列，其额定电流在 630A 以内，一般只有过载和短路保护功能，欠压保护功能只有在用户特殊需要时才设置。其主要结构由动触片、静触片、灭弧室、热脱扣器、电磁脱扣器、操作机构及外壳等部分组成。DZ5 系列塑壳式断路器外形如图 7-12 所示。

图 7-12　DZ5 系列塑壳式断路器外形图

万能式断路器的结构特点是所有零部件均安装在框架上，故又称框架式。该类开关主要用于不频繁接通和断开容量较大的低压电路，其额定电流从 200A 起，可达到 2 500A，甚至 4 000A。该类开关一般都有过载、短路、欠压三种保护功能，操作方式有手动式、电动式两种。

常用万能式断路器有 DW10、DW15 等系列。DW 型断路器分为手动式、电动式，其中，电动式又分为普通型和智能型。如图 7-13 所示是一种智能型万能式断路器外形图。

1—灭弧罩；2—开关本体；3—抽屉座；4—合闸按钮；5—分闸按钮；

6—智能脱扣器；7—摇匀柄插入位置；8—连接/试验/分离指示

图 7-13　智能型万能式断路器外形图

2. 断路器工作原理

断路器工作原理如图 7-14 所示。

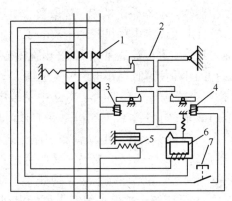

1—主触头；2—搭钩；3—电磁线圈；4—分励线圈；5—发热元件；6—欠压脱扣器；7—分励按钮

图 7-14　断路器工作原理图

断路器过载保护由热脱扣器完成，短路保护由电磁脱扣器完成，欠压保护由欠压脱扣器完成。三极开关的主触头、电磁线圈、发热元件串联在主电路中。手动合闸时，主触头由锁扣勾住搭钩，克服弹簧拉力保持闭合状态，电路正常运行。若电路过载，发热元件热量增大，双金属片受热弯曲严重，将杠杆顶开断开主触头，实现过载保护。当电路出现短路故障，过大的短路电流通过电磁脱扣器的电磁线圈，使衔铁迅速吸合，撞击杠杆，顶开搭钩，瞬时断开主触头，起到短路保护作用。欠压脱扣器中的欠压线圈并联在主电路中，电压正常，欠压脱扣器中的动、静铁芯吸合，弹簧拉伸；若电源电压严重下降，动、静铁芯中电磁吸力不足，衔铁被弹簧拉开，撞击杠杆，将搭钩顶开，断开主电路，从而实现欠压保护。

3. 断路器型号含义

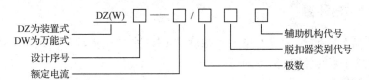

辅助机构代号：0 表示无辅助触头，2 表示有辅助触头，3 表示有欠压线圈，7 表示既有欠压线圈又有辅助触头。

脱扣器类别代号：1 表示热脱扣器，2 表示电磁脱扣器，3 表示复式脱扣器。

注：由于断路器型号较多，有些生产厂家以企业标准来确定型号，因此，选型时要认真阅读产品说明书。

4. 断路器的选用

断路器的选用要考虑较多因素，其中最主要的是额定电流、额定电压和热脱扣器整定电流。断路器额定电流和额定电压应不小于电路的正常工作电流和工作电压。热脱扣器整定电流应与被控电动机额定电流和其他负载电流一致，必要时可偏大一点，一般不宜超过 1.15 倍，否则过载保护功能下降。作为总开关的断路器，其热脱扣器整定电流可以再大一点，但也不应超过所有负载的额定电流之和。电磁脱扣器瞬时动作整定电流的选择，分为下列两种情况：用于控制照明电路时，电磁脱扣器瞬时动作整定电流一般取负载电流的 3~6 倍；用于电动机保护时，装置式断路器电磁脱扣器整定电流为电动机起动电流的 1.7 倍。不过一般情况下，用户可以不提电磁脱扣器的整定电流，开关生产厂家通常以 10 倍热脱扣器整定电流来确定。由于电磁脱扣器整定电流是用于短路保护的，即使瞬时动作电流整定值偏大一点也同样能起到保护作用。

万能式断路器热脱扣器整定电流应等于或略大于电路中负载电流之和；电磁脱扣器整定电流宜选取电动机起动电流的 1.3 倍；用于多台电动机总保护时，电磁脱扣器整定电流为容量最大一台电动机起动电流的 1.3 倍，再加上其余电动机额定电流之和。

断路器整定电流的选择原则是既要考虑保护效果，又要考虑不能造成误动作；同时，还要考虑配合上、下级开关的保护特性，不允许因本级保护开关不动作而导致越级跳闸的现象发生。断路器的额定通断能力要大于或等于被保护线路中可能出现的最大短路电流。

三、熔断器

熔断器是在低压电气控制线路中使用的一种最简单的短路及过载保护电器。它主要由熔体和安装熔体的熔座两部分组成。熔体是熔断器的主要组成部分。作为熔体的材料有两种：一种是低熔点材料，如锡、铅、锌及锡铅合金，由于熔点低，一般用于小电流电路中；另一种是高熔点材料，如银、铜等，一般用于大电流电路中，该种材料的熔断器过载保护效果差，只能起短路保护作用。

一般，熔断器的熔体都有额定电流和熔断电流两个参数。额定电流是指长时间通过熔体而不熔断的电流值。熔断电流一般是熔体额定电流的 2 倍，当通过熔体的电流为额定电流的 1.6 倍时，熔体应在一小时以内熔断；当通过熔体的电流达到额定电流的 6~10 倍时，熔体应在瞬间熔断。由于熔断器对过载保护反应不灵敏，所以它在电动机控制线路中，不能用于过载保护，只能用于短路保护。

1. 常用熔断器的种类

常用的熔断器有瓷插式 RC1A 系列、螺旋式 RL1 系列、无填料封闭管式 RM10 系列、有填料 RT 系列及快速熔断器 RLS 系列等。

（1）瓷插式熔断器。

RC1A 系列瓷插式熔断器由瓷盖、瓷座、动触头、静触头和熔体等部分组成。

瓷插式熔断器的特点是结构简单、价格便宜，一般用在照明配电线路中。其型号含义如下：

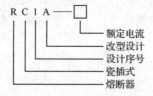

RC1A 系列瓷插式熔断器的额定电压为 380V，额定电流有 7 个等级。熔丝接在瓷盖内的两个动触头上，使用时将瓷盖合在瓷座上即可。

（2）螺旋式熔断器。

RL1 系列螺旋式熔断器主要由瓷帽、熔丝管、瓷套、上接线端、下接线端及瓷座等部分组成。其外形结构如图 7-15 所示。

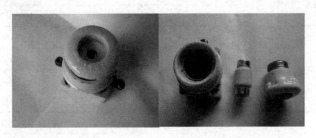

图 7-15　RL1 系列螺旋式熔断器外形结构图

螺旋式熔断器的熔丝管是一个瓷管，除了装有熔丝外，还在熔丝周围填满石英砂，用于熄灭电弧。

熔丝管的上端有一个小红点，熔丝熔断后，小红点会自动脱落，表示熔丝已熔断。装接时，将电源线接到瓷座上的下接线端，负载连接到连接金属螺纹壳的上接线端，从而保证在旋开瓷帽后更换熔丝时，金属螺纹壳上不带电。

螺旋式熔断器的型号含义如下：

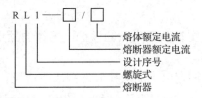

RL1 系列螺旋式熔断器额定电压为 500V，额定电流有 4 个等级。该型熔断器的特点是体积小，安装面积小，更换熔体方便，安全可靠，一般用于额定电压 500V、额定电流 200A 以下的交流电路，或在电动机控制电路中用于短路保护。

（3）快速熔断器。

快速熔断器又称半导体器件保护熔断器，主要用于半导体器件的短路保护。它是一种有填料熔断器，在规定的条件下，能快速切断故障电流。其熔体不能用普通熔体代替，否则，就不能起到有效保护半导体器件的作用。

2. 常用小容量低压熔断器技术参数（表 7-5）

表 7-5　常用小容量低压熔断器技术参数

类　别	型　号	额定电压（V）	额定电流（A）	熔体额定电流等级（A）
瓷插式熔断器	RC1A	380	5	2、4、5
			10	2、4、6、10
			15	6、10、15
			30	15、20、25、30
			60	30、40、50、60

续表

类　别	型　号	额定电压（V）	额定电流（A）	熔体额定电流等级（A）
瓷插式熔断器	RC1A	380	100	60、80、100
			200	100、120、150、200
螺旋式熔断器	RL1	500	15	2、4、5、6、10、15
			60	20、25、30、35、40、50、60
			100	60、80、100
			200	100、125、150、200
管式熔断器	RT14	380	20	2、4、6、10、16、20
			32	2、4、6、10、16、20、25、32
			63	10、16、20、25、32、40、50、60

3. 熔断器的选择

（1）类型的选择。

应根据使用场合来选择熔断器的类型，但没有严格的限制。

电网配电一般用管式熔断器，电动机保护一般用螺旋式熔断器，照明电路一般用瓷插式熔断器，晶闸管保护应选择快速熔断器。

（2）熔断器规格的选择。

对于照明和电热设备等电阻性负载电路的保护，熔体的额定电流应等于或稍大于负载额定电流，必要时还可以小 10%。

对于电动机的保护，熔体额定电流的选择分下列两种情况。

① 单台电动机：熔体额定电流=（1.5～2.5）倍电动机额定电流。

② 多台电动机：熔体额定电流=（1.5～2.5）倍容量最大的电动机额定电流+其余电动机额定电流之和。

熔断器的额定电压和额定电流应不小于线路的额定电压和所装熔体的额定电流。

四、思考与练习

1. 接触器是属于控制电器还是配电电器？
2. 为什么断路器的额定通断能力要大于或等于被保护线路可能出现的最大短路电流？
3. 为什么熔断器不能在所有电路中都用于过载保护，而只能用于短路保护？
4. 螺旋式熔断器的电源进线应接在下接线端还是上接线端？能否带电更换熔体？

第三节　低压带电作业基本要求和常用电气图形符号

一、低压电气设备安全工作的基本要求

用电场所大多采用低压配电屏供电。低压配电屏按一定的接线方案将有关的低压一、二次电气设备组装起来，使每一个主电路方案对应一个或多个辅助方案，从而简化了工程设计。

低压配电屏的型号规格很多，常用的有 PGL、BFC、GGL、GCL、GCK、GGD 等系列。另外，对于末端负载，还有 XL 型和 XM 型配电箱提供电源。

为使用电场所供电正常，对低压配电屏上的电器和仪表应经常进行检查和维护，并做好记录。对运行中的低压配电屏和配电箱通常应检查以下内容。

（1）配电屏及屏上的电气元件的名称、标志、编号是否清晰、正确，屏上所有的操作把手、按钮和按键等的位置与现场实际情况是否相符，固定是否可靠，操作是否灵活。

（2）配电屏上表示"分""合"等的信号灯和其他信号指示是否正确。

（3）隔离开关、断路器、熔断器与互感器的接触点是否牢靠，有无过热或变色现象。

（4）仪表或表盘玻璃是否松动，仪表指示是否正确。

（5）二次回路导线的绝缘是否破损、老化。

（6）配电屏及配电箱上标有操作模拟板时，模拟板与现场电气设备的运行状态是否对应。

（7）配电室内的照明灯具是否完好，光照是否明亮、均匀。

在巡视检查中发现的问题应及时处理，做好记录。除此之外，低压配电装置运行维护中，还要定期测定断路器、接触器等主要电器及线路的绝缘电阻，经常观察各电器的动作可靠情况，做到及时发现问题、及时消除隐患，确保低压电气设备正常运行。

二、低压带电作业的安全要求

带电作业必须严格执行安全操作规程，作业时应设专人监护，使用带有绝缘柄的工具，工作站立位置应有干燥的绝缘垫，工作时要戴绝缘手套和安全帽，穿长袖衣，严禁使用锉刀、金属尺和带有金属物的毛刷、毛掸等工具。

在高、低压同杆架设的低压线路上作业时，应先检查与高压线的距离，采取防止误碰高压带电设备的措施。

工作人员不得跨越未采取绝缘措施的带电导线。在带电的低压配电装置上工作时，要保证人体与大地之间、人体与周围接地金属之间、人体与其他导体或零件之间有良好的绝缘或相应的安全距离，还应采取防止相间短路和单相接地的隔离措施。登电杆前要先分清相线和零线，选好工作位置。断开导线时，应先断开相线，后断开零线；接通导线的顺序应相反。特别要注意，在检修中，人体不得同时接触两根线头，防止发生严重触电事故。

三、常用电气图形符号（表 7-6）

表 7-6　常用电器图形符号

名　称	图形符号	名　称	图形符号
直流	—— 或 ===	动合（常开）触点、一般开关符号	
交流	∼	动断（常闭）触点	
交直流	≈	按钮开关（常开，不闭锁）	
接地一般符号	⏚	按钮开关（常闭，自复位）	
保护接地		三相笼型异步电动机	M 3∼

名　称	图形符号	名　称	图形符号
接机壳或接机架		三相绕线转子异步电动机	
等电位		双绕组变压器	或
电池的一般符号		三绕组变压器	或
电源插头		自耦变压器	或
电压表	Ⓥ	电抗器、扼流圈	或
电流表	Ⓐ	电流互感器、脉冲变压器	或
电度表	Wh	电压互感器	或
熔断器		放大器	或
避雷器		电铃	或
插头和插座	或	桥式全波整流器	
熔断器式开关		蜂鸣器	
跌开式熔断器		灯的一般符号，信号灯的一般符号	⊗
熔断器式隔离开关		交流配电盘（屏）	
熔断器式负荷开关		照明配电箱（屏）	
断路器		动力或动力—照明配电箱	
隔离开关		危险电压	

四、思考与练习

1. 低压配电屏有什么特点？

2. 带电断线和接线有什么要求？

异步电动机

本章学习重点

* 了解异步电动机的结构与工作原理，理解异步电动机的特性与技术参数。
* 掌握异步电动机常用控制电路的原理与试验方法及电机常见故障的处理方法。

第一节 异步电动机的结构与工作原理

　　电动机是利用电磁感应原理将电能转换为机械能的动力设备。根据使用电源的不同，电动机分为单相电动机与三相电动机、交流电动机与直流电动机。交流电动机又分为同步电动机与异步电动机，异步电动机又可分为笼型电动机与绕线型电动机。

一、异步电动机的结构

　　异步电动机主要由定子和转子两个基本部分组成。下面以三相异步电动机为例介绍其基本结构，如图 8-1 所示。

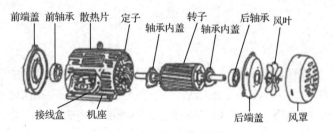

图 8-1　三相异步电动机结构图

1. 定子

　　定子由定子铁芯、定子绕组和机座等部分组成。定子铁芯是组成电动机磁路的一部分，通常由 0.35～0.5mm 厚的硅钢片叠压而成。为减小磁滞和涡流损耗，硅钢片表面涂有绝缘漆或氧化膜。在定子铁芯的内圆冲有均匀分布的槽口，以便在叠压成铁芯后嵌放线圈。

　　定子绕组组成电动机的电路部分。它是由若干线圈组成的三相绕组，在定子圆周上均匀分布，通入交流电后，在电动机内产生旋转磁场。绕组是绝缘的，其绝缘包括对地绝缘、层间绝缘和匝间绝缘。三相电动机的三相绕组有星形接法和三角形接法。

机座主要用于容纳定子铁芯和定子绕组，并固定端盖。中小型电动机的机座由铸铁制成，其上铸有加强散热功能的散热筋片。大型异步电动机的机座多用钢板焊成。

2. 转子

转子由转子铁芯、转子绕组和转轴等部件组成。转子铁芯也是电动机磁路的一部分，是用 0.5mm 厚的硅钢片叠压而成的。硅钢片外圆冲有均匀分布的槽孔，用来安装转子绕组。为了改善异步电动机的性能，笼型异步电动机转子铁芯都采用斜槽结构。

转子的作用是在定子旋转磁场感应下产生电磁转矩，沿着旋转磁场方向转动，并输出动力带动生产机械运转。根据电动机构造的不同，转子分为笼型转子和绕线型转子。

笼型转子每个槽内仅有一个转子导条，各个导条的两端用短路环连成整体。中、小型笼型电动机多采用铸铝转子；大、中型电动机常采用铜条转子。大容量异步电动机为提高电动机起动转矩，采用双笼转子或深槽转子。双笼转子的外笼采用电阻率较大的黄铜，内笼采用电阻率较小的紫铜条。深槽转子的导条为狭长的导体。

绕线型转子的绕组是对称的三相绕组。三相绕组接成星形。绕组的首端接在固定在转轴上的三个铜制滑环上，滑环与转轴、滑环之间都是绝缘的，滑环经电刷引出，可外接起动电阻。转轴多用中碳钢制成，用以传递转矩及支撑转轴质量。

3. 其他附件

其他附件主要有端盖、轴承、轴承盖、风扇等。端盖装在机座两侧，起到支撑转子的作用；轴承连接转动及不动部分，为减少摩擦阻力而采用滚动轴承；轴承盖用来保护轴承，并防止轴承内的润滑油溢出；风扇用于为电动机散热。

二、异步电动机原理

1. 旋转磁场

我们知道，三相交流电动机定子上布置有结构完全相同、空间位置相差120°的三相绕组。当三相交流电动机通入三相对称的交流电后，定子绕组中就会有三相电流流过，则通电导体周围会产生磁场，在某一时刻，每一相电流产生的磁场的合成磁场就会形成一个类似磁铁 NS 极的磁场。

同理，在每一时刻，三相定子电流形成的磁场都是一个类似磁铁 NS 极的磁场。而且，合成磁场的 NS 极的变化方向就是沿着定子内圆周旋转，旋转方向与三相定子电流的三相电源的相序有关。当电流变化了一个周期，合成磁场在空间也旋转了一周，电流继续变化时，磁场也继续旋转，这就是我们所说的旋转磁场。

2. 异步电动机的转动原理

三相交流电产生的旋转磁场，相当于试验中永久磁铁的旋转磁场。由于电动机转子绕组是闭合导体，根据相对运动原理，该转子导体在旋转磁场的空间里做切割磁力线运动，使转子导体中产生感应电流，则转子导体就必然会受到磁场力矩的作用而旋转起来。这就是异步电动机的转动原理。

3. 异步电动机的转速与绕组连接方法

（1）旋转磁场的转速。

电动机中旋转磁场的转速称为同步转速，用 n_1 表示。对于 p 对磁极的电动机，旋转磁场的转速为

$$n_1 = \frac{60f}{p} \ （\text{r/min}）$$

式中，n_1 为同步转速，f 为电源频率，p 是定子绕组产生的磁极对数。

由此可知，电动机旋转磁场的转速与电源频率成正比，与磁极对数成反比。

（2）转子的转速。

电动机转子的转速就是电动机轴上的输出转速，用 n 表示。在异步电动机中，转子的转速略小于同步转速。

（3）转差率。

异步电动机同步转速与转子转速之差（$n_1 - n$）与同步转速的比值称为异步电动机的转差率，用 S 表示

$$S = \frac{n_1 - n}{n_1} \times 100\%$$

异步电动机的转差率一般为 2%～6%。

有了转差率的概念，电动机的实际转速可由下式计算：$n = \frac{60f}{p}(1-S)$。

（4）电动机的旋转方向。

电动机的旋转方向与旋转磁场的转向一致，旋转磁场的转向由接入定子绕组的三相电源的相序决定，只要改变一下相序，旋转磁场的转向就会发生改变。在实际应用中，要改变电动机的转动方向，只要把电动机三相绕组的三根引出线中的任意两根调换后再接三相电源就可实现。

（5）异步电动机绕组的连接方法。

异步电动机绕组的常规接线方法有星形接法和三角形接法，如图 8-2 所示。

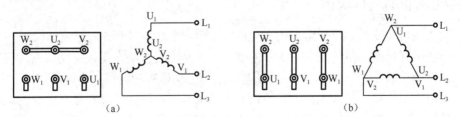

图 8-2　异步电动机绕组连接图

图 8-2（a）为星形接法，图 8-2（b）为三角形接法。其中，U_1、V_1、W_1 为电动机三相绕组的首端，U_2、V_2、W_2 为三相绕组的末端。

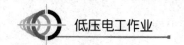

三、思考与练习

1．三相异步电动机的基本结构由哪两部分组成？
2．三相异步电动机转子电流是怎么形成的？其电流方向用什么定则确定？
3．什么是异步电动机的转差率？

第二节　异步电动机的运行特性和技术参数

一、异步电动机的机械特性

异步电动机的机械特性，是指在电源频率和电压不变的情况下，电动机的转速和转矩之间的关系。实践证明，异步电动机的转速与转矩之间的关系近似为下式

$$T \approx C_m U^2 SR_2 / R_2{}^2 + (sx_{20})^2$$

式中，T 为异步电动机转矩；C_m 为决定于电动机结构的常数；U 为电源电压；S 为转差率；R_2 为转子绕组每相电阻；x_{20} 为转子堵转时的每相电抗。

根据电动机机械特性关系式，可绘制出如图 8-3 所示的异步电动机机械特性图。

从电动机机械特性关系式可知：电动机转矩与电压的平方成正比；当 S 很小时，T 大致与 S 成正比，当 S 接近于 1 时，T 大致与 S 成反比。转矩的最大值 T_{max} 称为最大转矩，相应的转差率 S_m 称为临界转差率。$S=1$ 时的转矩称为堵转转矩。同时，还可以证明，异步电动机的最大转矩与转子电阻无关。

由机械特性图可知，第 1 条曲线转子电阻最大，第 6 条曲线转子电阻最小。特性图中，T_L 是负载转矩。另外，绕线式电动机利用改变转子外接电阻来达到电动机平稳起动和调速的目的。

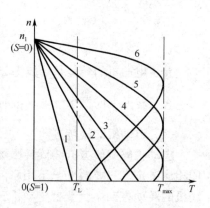

图 8-3　异步电动机机械特性图

二、异步电动机的运行状态

异步电动机根据转速 n 与转矩 T 的变化情况，主要有如下几种运行状态。

（1）异步运行状态，即 $0<n<n_1$，$T>0$ 的状态。这是电动机最常见的拖动状态。

（2）反接制动状态，即 $n<0$，$T>0$ 的状态。这是电动机制动时可能出现的状态。

（3）发电制动状态，即 $n>n_1$，$T<0$ 的状态。这是起重机重物下降时可能出现的状态。

（4）堵转状态，即 $n=0$ 的状态。电动机不能长时间停留在此状态。

（5）同步状态，即 $n=n_1$ 状态。电动机一般不会长时间停留在此状态。

三、异步电动机的技术参数

异步电动机的主要技术参数应在铭牌上标注出来，除直观的数据外，以下主要技术参数的含义应理解清楚。

（1）型号。

例：

（2）额定功率。

额定功率是指电动机在额定运行条件下转轴上输出的机械功率，单位为 kW。

（3）额定电压。

额定电压是指线电压，单位为 V。

（4）额定电流。

额定电流是指电动机在额定运行条件下工作的线电流，单位为 A。

（5）额定转速。

额定转速是指电动机转子的实际转速，单位为 r/min。

（6）频率。

频率是指电动机所用电源的频率，单位为 Hz。

（7）接法。

与电压相对应，4kW 及以上的 Y 系列电动机应采用三角形接法，其余为星形接法。

（8）防护等级。

Y 系列电动机的防护等级为 IP44，第一个 4 表示防 1mm 固体进入，第二个 4 为防溅式。

（9）绝缘等级。

Y 系列电动机采用 B 级绝缘，允许的最高工作温度为 130℃。E 级绝缘允许的最高工作温度为 120℃。

（10）定额。

定额是指电动机的工作制定额，即电动机是否能够长时间运行，例如连续工作制（用 S1 表示）、短时工作制（用 S2 表示）。

四、思考与练习

1. 异步电动机发电制动时，其实际转速是否要大于同步转速？

2. 异步电动机额定电流是指电动机的什么电流？

3. 异步电动机短时工作制用什么符号表示？

第三节　异步电动机常用控制电路

异步电动机是电感性负载，起动电流是额定电流的 4～7 倍。为了不影响电网内其他用电设备的正常供电，除小容量电动机外，要求 7.5kW 以上的三相异步电动机要采用降压起动。降压起动的方法有几种，最常用的有串电阻降压起动、星—三角降压起动和自耦变压器降压起动。异步电动机的运行控制除起动控制外，还有正、反转，制动和调速控制等，本节主要介绍这几种常用控制电路。

一、具有过载保护功能的三相交流异步电动机单向运转控制

三相交流异步电动机在运行过程中难免会遇到负载的增大和设备运行的阻卡，从而使电动机工作电流急剧上升，即出现过载故障。该故障如不及时排除会使电动机烧毁，因此要对电动机进行过载保护。实现过载保护功能的常用电器是热继电器。热继电器的主要技术指标是电流整定值。当电流超过整定值，其常闭触头应能在一定时间内断开，切断控制回路，但动作后，必须由人工进行复位，否则常闭触头不能自动复位。热继电器的热元件串联在主电路中，一旦电动机过载，电流增大，发热量增大，热继电器中双金属片弯曲程度增大，其常闭触头会及时断开，切断控制电源，使电动机停转，起到保护作用。其电路原理如图8-4所示。

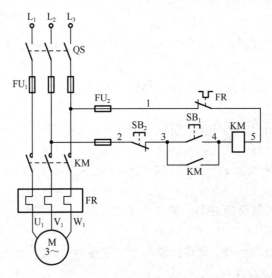

图8-4　具有过载保护功能的三相交流异步电动机单向运转控制电路原理图

其控制电路动作原理如下。

起动：按下起动按钮 SB_1，接触器 KM 线圈通电，KM 主触头闭合，电动机正向起动；同时，KM 辅助常开触头闭合，实现自锁，使电动机维持连续运转。

停止：按下停止按钮 SB_2，接触器 KM 线圈断电，KM 主触头断开，电动机停转；同时，KM 辅助常开触头也随之断开，自锁功能消失。第二次起动电动机必须重新按起动按钮，才能实现。因此，该电路具有失压保护的功能。

二、具有点动功能的电动机正转控制

在生产实践中有很多场合需要用到点动控制，如机床调整刀架、试车，吊车在定点放落重物时，常常需要电动机短时的断续工作。如图8-5所示是具有点动功能的电动机正转控制二次电路原理图。

该二次电路增加了一个复合按钮 SB_3，其余部分与图8-4相同。其控制原理如下。

点动：按下点动按钮 SB_3，复合按钮常闭触头先断开，破坏了自锁功能，紧接着常开触头闭合，KM 线圈通电，KM 主触头闭合，电动机起动；松开按钮，电动机停转，此时，KM 常开触头虽然也闭合，但不起作用。

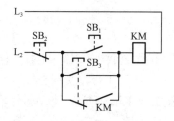

图 8-5　具有点动功能的电动机正转控制二次电路原理图

连续运行：按下起动按钮 SB_1，KM 线圈通电，KM 常开触头闭合，实现自锁，KM 主触头闭合，电动机连续运行。

停止：按下停止按钮 SB_2，KM 线圈断电，主触头断开，电动机停止运行。

三、具有联锁功能的三相交流异步电动机正、反转控制

三相笼型异步电动机改变旋转方向是靠改变电源相序来实现的。其主电路采用了两个交流接触器 KM_1 和 KM_2，利用其交替运行来改变电动机的电源相序，从而实现正、反转控制。具有联锁功能的三相交流异步电动机正、反转控制电路，是利用接触器辅助常闭触头（或按钮常闭触头）组成联锁装置的，目的是为了防止误操作而造成短路故障的发生。联锁的原理是将正转接触器 KM_1 的常闭触头（或按钮的常闭触头）串联在反转接触器 KM_2 的线圈回路里，只要 KM_1 接触器通电，其常闭触头必然断开，此时，即使误操作，没有按停止按钮而直接按反转起动按钮 SB_2，也不会起作用，不会造成短路。反之，将 KM_2 的常闭触头串联在 KM_1 的线圈回路里的效果也一样。其电路原理如图 8-6 所示。

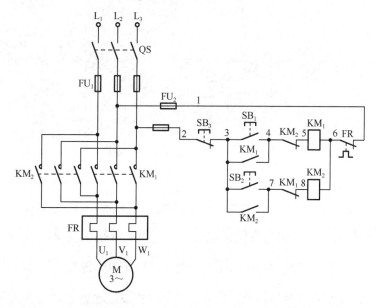

图 8-6　具有联锁功能的三相交流异步电动机正、反转控制电路原理图

电路控制原理如下。

1. 正转控制

起动：按下起动按钮 SB_1，KM_1 线圈通电，KM_1 主触头闭合，电动机 M 正向运转，KM_1 常闭触头断开，实现联锁。KM_1 常开触头闭合，实现自锁。

停转：按下停止按钮 SB_3，接触器 KM_1 断电，电动机停转。

2. 反转控制

起动：按下反转起动按钮 SB_2，KM_2 线圈通电，KM_2 主触头闭合，电动机反转，同时 KM_2 常闭触头断开，实现联锁，KM_2 常开触头闭合，实现自锁。

停转：按下停止按钮 SB_3，KM_2 断电，电动机停转。

四、带熔断器、仪表、电流互感器的三相交流异步电动机运行控制

该电路的控制电路图如图 8-7 所示，其控制原理跟电动机单相运转控制电路原理相同，只是在电路中增加了一个电流互感器和电流表。在接线时将电流互感器的一次线圈串联在主电路中，二次线圈串接电流表。只要电流互感器与电流表的变比选择一致，电流表就能准确测量出电动机的实际运行电流。

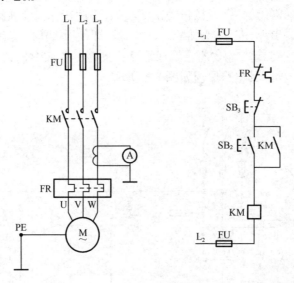

图 8-7　带熔断器、仪表、电流互感器的电动机运行控制电路图

五、时间继电器控制的异步电动机自动星—三角降压起动控制

星—三角（Y—△）降压起动的原理是起动时定子绕组星形连接，使每相绕组电压降至电源电压的 $\dfrac{1}{\sqrt{3}}$，起动结束后再将绕组接成三角形，使三相绕组在额定电压下运行。接触器控制的星—三角降压起动的主电路是由三个接触器的动合主触点构成的。其中，KM 位于主电路前段，用于接通和断开主电路，并控制起动接触器 KM_Y 和运行接触器 $KM_△$电源的通断。KM_Y 主触头闭合时使电动机绕组接成星形，实现降压起动；$KM_△$主触头在起动结束时闭合，将电动机绕组换接成三角形，实现全压运行。星—三角起动只适用于正常工作时定子绕组为三角

形接法的电动机，星形接法起动时的起动电流是三角形接法起动电流的 1/3，起动转矩也为全压运行转矩的 1/3，故星—三角起动方式只适用于轻载起动或空载起动。

时间继电器控制的异步电动机自动星—三角降压起动控制电路与接触器手动控制的星—三角降压起动控制电路的主要区别在于从星形起动结束转为三角形全压运行时，一个要重新按运行按钮，一个是靠时间继电器自动转换。采用自动控制的优点在于可以减少手工操作的人为误差因素，提高电动机的使用性能。其电路原理图如图 8-8 所示。

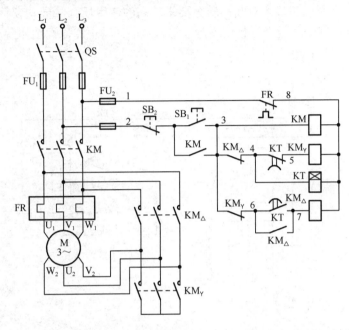

图 8-8　时间继电器控制的异步电动机自动星—三角降压起动控制电路原理图

该电路除了完成正常的星—三角起动功能外，还具有以下几个特点。

（1）接触器 KM$_\triangle$ 与 KM$_Y$ 通过常闭触头实现电气联锁，保证接触器 KM$_\triangle$ 与 KM$_Y$ 不会同时得电，以防止三相电源发生短路故障。

（2）依靠时间继电器 KT 的延时动合触头的延时闭合作用，保证在按下 SB$_1$ 后，KM$_Y$ 先得电，并依靠时间继电器 KT 的常闭触头与常开触头的动作时间差，保证了 KM$_Y$ 先断电，而后再接通 KM$_\triangle$，从而避免了在换接时电源可能发生的短路事故。

（3）本电路在接成三角形正常运行时，时间继电器 KT 处于断电状态，提高了电器的使用寿命。

该控制电路动作过程如下。

起动：按下起动按钮 SB$_1$，KM 线圈通电，KM 主触头闭合，KM 常开触头闭合，实现自锁；同时 KM$_Y$ 线圈通电，KM$_Y$ 主触头闭合，电动机绕组接成 Y 形起动，KM$_Y$ 常闭触头断开，使 KM$_\triangle$ 控制线圈分断，实现联锁。同时，时间继电器 KT 也开始通电延时，待 KT 延时结束时，KT 常闭触头断开，KM$_Y$ 线圈断电，KM$_Y$ 主触头断开。另外，KT 的常开触头延时闭合，使 KM$_\triangle$ 线圈通电，KM$_\triangle$ 主触头闭合，电动机绕组接成三角形全压运行。KM$_\triangle$ 常闭触头断开，确保 KM$_Y$ 控制线圈断电，实现联锁；同时 KT 线圈断电，KT 常开、常闭触头全部复位，整个起动过程结束。

停止：按下停止按钮 SB$_2$，KM 与 KM$_\triangle$ 断电，电动机停转。

六、接触器控制的自耦变压器降压起动控制

自耦变压器降压起动的原理是在电动机起动时把自耦变压器中间抽头的输出电压接入电动机，使电动机在起动时得到的电压是电源电压的一部分，从而使电动机的起动电流下降。待起动结束后，再把自耦变压器切除，使电动机全压运行。自耦变压器通常有 65% 和 80% 两种规格的中间抽头，一般情况下选用 65% 的就可以了。由于自耦变压器降压起动的最大优点是起动转矩比较大，所以在很多对起动转矩要求较高的使用场合，星—三角起动不能满足要求的情况下，选用自耦变压器降压起动还是非常合适的。其电路原理图如图 8-9 所示。

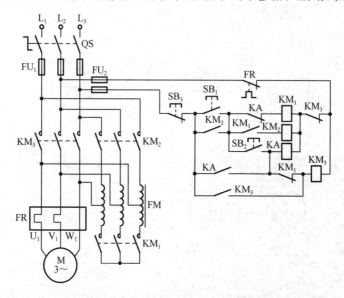

图 8-9　接触器控制的自耦变压器降压起动控制电路原理图

该电路采用了一只中间继电器，用于在起动结束转为全压运行时起中间过渡作用。该电路设置了两个起动按钮 SB_1、SB_2，但这两个起动按钮是有顺序要求的。只有按动起动按钮 SB_1 以后，按运行按钮 SB_2 才会起作用，这样就保证了只有进行自耦变压器降压起动以后，接触器 KM_3 才能正常吸合动作，否则电动机是无法全压运行的。

其电路动作过程如下：

先合上组合开关 QS，再按起动按钮 SB_1，KM_1 线圈通电，KM_1 常闭触头断开，与 KM_3 实现联锁；KM_1 常开触头闭合，KM_2 线圈通电，其常开触头闭合，实现自锁；当 KM_1、KM_2 两个接触器的主触头都闭合时，电动机实现自耦变压器降压起动。

当电动机转速达到一定值时，再按下运行按钮 SB_2，先是中间继电器 KA 线圈通电，其常闭触头断开，KM_1 线圈断电，其所有触头复位，KM_2 也随即断电，表示起动结束。另外，KA 常开触头闭合，实现自锁；KM_3 线圈通电，其常闭触头断开实现联锁，常开触头闭合实现自锁，KM_3 主触头闭合，电动机进入全压运行状态。

串电阻降压启动就是在电动机启动过程中，在电动机定子线路中串入电阻，利用电阻来降低电机绕组电压以达到减小启动电流的目的，启动结束将电阻切除。该启动方式启动转矩不高，而且，每次启动时电阻上消耗的功率较大，不宜频繁启动，因应用较少，故不作详述。

七、三相笼型异步电动机全波整流能耗制动控制

能耗制动是在切断电动机三相电源的同时，从任意两相定子绕组中输入一个直流电，以获得一个大小、方向都不变的恒定磁场，从而产生一个与电动机原来转矩方向相反的电磁转矩，实现制动。由于这种制动方式是利用直流磁场消耗转子动能实现制动的，所以称为能耗制动或直流制动。该制动方式的优点是制动准确，平稳，能量损耗小；缺点是需要附加直流电源装置，制动力较弱。对于功率较大的电动机直流电源采用全波整流提供，功率较小的电动机还可以采用半波整流。全波整流能耗制动电气原理图如图8-10所示。

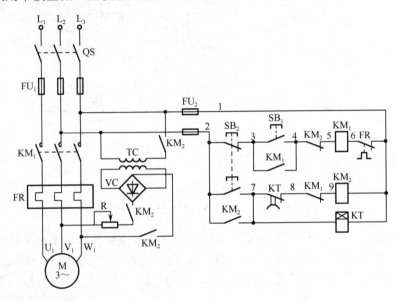

图8-10 三相笼型异步电动机全波整流能耗制动控制电路原理图

该电路原理是在主电路中并联了一只整流变压器，将380V的电源电压降到24V或36V，以提供整流电源。整流变压器接成单相桥式整流电路，供给电动机任意两相绕组制动电流。电位器R用来调节制动电流的大小，从而调整制动强度。在控制电路中设置了时间继电器KT，用来控制制动时间。

控制电路动作过程如下。

起动：按下起动按钮 SB_1，KM_1 线圈通电，KM_1 主触头闭合，电动机 M 起动运转，同时 KM_1 常开、常闭触头动作，分别实现自锁和联锁。

制动：按下停止按钮 SB_2，KM_1 线圈断电，KM_1 主触头断开，电动机 M 断电；同时 KM_1 常闭触头复位，KM_2 线圈通电，KM_2 主触头闭合，电动机能耗制动开始。同时，时间继电器 KT 开始通电延时，计算制动时间。待延时结束，KT 常闭触头断开，KM_2 断电，分断直流通路，能耗制动结束。

八、三相笼型异步电动机半波整流能耗制动控制

半波整流能耗制动控制电路与全波整流能耗制动控制电路相比省去了整流变压器，直接利用三相电源中的一相，经过二极管半波整流以后，向电动机任意两相绕组输入直流电流作为制动电流，从而降低了设备成本。其电路原理图如图8-11所示。

低压电工作业

控制电路动作过程如下。

起动：按下起动按钮 SB_1，使运行接触器 KM_1 线圈通电，其主触头闭合，电动机通电运行；同时 KM_1 辅助常开和常闭触头动作，分别实现自锁和联锁功能。

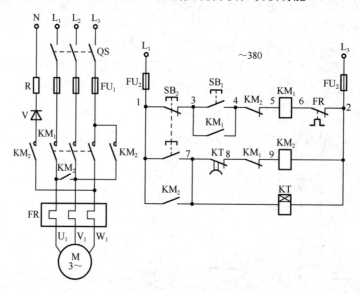

图 8-11 三相笼型异步电动机半波整流能耗制动控制电路原理图

制动：按下停止按钮 SB_2，先是 KM_1 线圈断电，KM_1 主触头和辅助触头复位，使电动机脱离电源，凭惯性转动。当 SB_2 按到位，SB_2 常开触头闭合，接触器 KM_2 线圈通电，KM_2 主触头闭合，接通电动机半波整流能耗制动电源，开始能耗制动。同时 KM_2 辅助常开和辅助常闭触头都动作，分别实现自锁和联锁功能。另外，时间继电器 KT 也同时开始通电延时，待 KT 延时结束，KT 常闭触头断开，KM_2 断电，断开电动机绕组的直流回路，即能耗制动结束。

九、双速交流异步电动机调速控制

在生产实践过程中，经常需要对运行的交流异步电动机进行速度变换来满足某些生产环节的需要。由电动机转速公式 $n=\dfrac{60f}{p}(1-S)$ 可知，改变三相异步电动机转速的方法有三种。由于改变频率 f 和转差率 S 都不太方便，目前，广泛使用的调速方法主要是改变定子绕组的磁极对数 p。要改变磁极对数，通常是通过改变定子绕组的连接方法来实现的。根据电机学原理可知：电动机某相定子绕组从顺向串联变换成反向串联或反向并联后，电动机的磁极对数就比原来减少一倍，转速从而增加一倍。这种可以变换绕组连接方法来实现两种转速的电动机称为双速电动机。双速电动机绕组是怎样从顺向串联变换到反向串联或反向并联的呢？在实际应用中，通常采用以下两种方法实现：一种是将三角形连接的绕组改接成双星形；另一种是将单星形连接的绕组改接成双星形连接。这两种变换中，绕组接成星形或三角形连接时为 4 极电动机（$p=2$），同步转速为 1 500r/min；换接成双星形连接后，磁极对数减少一倍，同步转速变为 3 000r/min，即转速提高了一倍。同理，在双速电动机的基础上，通过增加绕组套数和改变接法，还可以制成多速电动机。

双速电动机要将三角形连接或单星形连接改接成双星形连接，所以在定子绕组中要设置中心抽头，这是双速电动机与普通电动机的主要结构区别。下面以接触器控制的双速交流异步电动机调速控制电路为例分析双速电动机的调速方法。其电气原理图如图 8-12 所示。

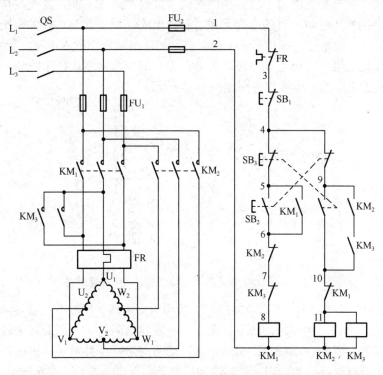

图 8-12　接触器控制的双速交流异步电动机调速控制电路原理图

低速时，将绕组中心抽头 U_2、V_2、W_2 三个出线端悬空，将 U_1、V_1、W_1 三个绕组出线端通过接触器 KM_1 分别接电源 L_1、L_2、L_3，三相定子绕组就构成了三角形连接。此时每相绕组（1）、（2）两部分线圈相互串联，磁极数为 4 极，同步转速为 1 500r/min。若要增速，先将 KM_1 断开，再将 KM_2、KM_3 通电吸合，此时，U_2、V_2、W_2 分别接三相电源 L_1、L_2、L_3，而 U_1、V_1、W_1 三个出线端短接，电动机三相绕组便接成双星形，即每相绕组（1）、（2）两部分线圈相互并联，磁极数变为 2 极，同步转速增为 3 000r/min。其控制电路动作过程如下：

1. 低速运转

先合上隔离开关 QS，再按下低速起动按钮 SB_2，接触器 KM_1 通电，主触头闭合，电动机绕组接成三角形连接低速运转。同时 KM_1 常开、常闭辅助触头动作，分别实现自锁和联锁。

2. 高速运转

按下高速起动按钮 SB_3，KM_1 接触器线圈断电，所有触头复位，电动机断电，凭惯性继续运转。由于 KM_1 常闭触头复位，使得 KM_2 和 KM_3 线圈同时通电，KM_2 和 KM_3 常开、常闭辅助触头动作，分别实现自锁和联锁，KM_2 和 KM_3 主触头闭合，电动机绕组变换成双星形连接高速运转。

十、三相绕线式异步电动机的起动

三相绕线式异步电动机的转子绕组为绕线式（非笼型铸铝）的，其优点是可以通过滑环在转子绕组中串接外加电阻，目的是为了减小起动电流，增加起动转矩。串接在三相转子绕组中的起动电阻，一般都连接成星形。在起动前，起动电阻全部接入电路，随着转速的增加，起动电阻被逐段地短接，直至起动结束。另外，为了减少电阻上的能量损耗，还可以用频敏变阻器代替普通的电阻。其电气原理图如图 8-13 所示。

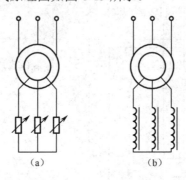

图 8-13　三相绕线式异步电动机的起动电路原理图

图 8-13（a）中接变阻器，图 8-13（b）中接频敏变阻器。频敏变阻器实际上是一个铁芯功率损耗较大的电抗器。起动时，转子频率高，变阻器的阻抗大，随着转子转速增加，转子频率降低，变阻器的阻抗自动减小；起动结束，切除变阻器，并将转子短路。由于频敏变阻器结构简单，不需要逐级切换电阻，可靠性高，便于实现自动控制，在实践中得到广泛应用。

十一、普通卧式车床电气控制

卧式车床是机床中应用最广泛的一种，可用来切削各种工件的内外圆、端面、螺纹和定型表面，还可以装上钻头、铰刀进行钻孔和铰孔等加工。比较常用的是 CW6163B 型万能卧式车床，其电气控制原理图如图 8-14 所示。

该型车床的主运动是工件的旋转运动，由主轴通过卡盘或顶尖带动工件旋转。车床的进给运动是刀架的横向和纵向运动，主运动和进给运动都是由主电动机 M_1 带动的。其控制特点是：主电动机选用三相异步电动机，通过变速箱使用机械调速，主轴正反转也是通过机械方法实现；车削加工需要的冷却液由冷却泵电动机提供，且与主电动机同步运行，当有一台电动机出现故障，另一台电动机也必须停止运行，电路中设有安全的局部照明装置。

1. 主电路说明

整机的电气系统图由三台电动机组成，M_1、M_2、M_3 分别为主运动和进给运动电动机、冷却泵电动机、刀架快速移动电动机。三台电动机都是直接启动，主轴制动是采用液压制动器。三相交流电源由自动开关 QF 引入，交流接触器 KM_1 为主电动机 M_1 的启动用接触器，热继电器 FR_1 为主电动机 M_1 的过载保护电器，M_1 的短路保护由自动开关来实现。熔断器 FU_1 为 M_2、M_3 电动机的短路保护。M_2 电动机的启动由交流接触器 KM_2 来完成，FR_2 是它的过载保护。KM_3 为 M_3 电动机启动用接触器，由于快速电动机 M_3 是短时工作，可不设过载保护。图中的电流表 A 用来监视主电动机的实际工作电流，合理调节切削量，使其达到理想的生产效率。

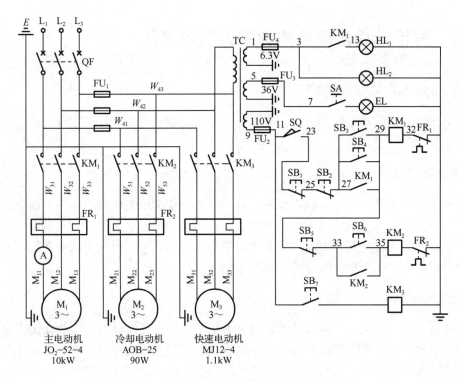

图 8-14　CW6163B 型万能卧式车床电气原理图

2. 控制、照明、显示电路说明

图中控制变压器 TC 二次侧 110V 电压作为控制回路的电源。主电动机 M_1 采用两地控制，其目的是为了便于操作和在事故状态下可实现紧急停车。主电动机的启动和停止分别由装在床头操纵板上的按钮 SB_3 和 SB_1 及装在刀架拖板上的 SB_4 和 SB_2 进行控制。当主电动机过载时 FR_1 的常闭触点断开，切断接触器 KM_1 的线圈通电回路，电动机 M_1 便停止运行。行程开关 SQ 作机床的限位保护。

冷却泵电动机 M_2 的启动和停止是由装在床头操纵板上的按钮 SB_6 和 SB_5 控制。快速电动机是由安装在进给操纵手柄顶端的按钮 SB_7 控制，与交流接触器 KM_3 组成点动控制环节。

图中信号灯 HL_2 是电源指示灯，HL_1 是机床工作指示灯，EL 是机床照明灯，SA 是机床照明灯开关。这些指示灯的电源均由控制变压器 TC 提供。

十二、思考与练习

1. 电动机用星—三角起动时，其起动转矩是直接采用三角形连接时起动转矩的几分之几？

2. 能耗制动是如何实现的？有什么特点？

3. 什么叫自耦降压起动？该起动方法有什么优点？

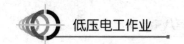

第四节 异步电动机的维护和常见故障处理

一、异步电动机的运行与维护

对电动机进行正常的巡视和维护，是保证电动机稳定、可靠、经济运行的重要措施，因此，务必做好以下工作。

1. 开车前的检查

对新安装或停用三个月以上的电动机，在开车起动前应检查电动机绕组绝缘电阻，其阻值不得低于 0.5MΩ；检查电动机绕组的连接、所用电源电压是否与铭牌规定相符；检查电动机的起动、保护设备是否符合要求；检查电动机的安装情况；对反向运转可能损坏设备的单向运转电动机，应首先判断通电后的可能旋转方向。

2. 起动注意事项

电动机通电后，如出现不转或转速很慢并有嗡嗡声，应及时停机，查找原因；注意限制电动机连续起动次数，一般空载 3～5 次；长时间运行停机后再起动，连续起动不得超过 2～3 次，否则容易损坏电动机。通过同一电网供电的几台电动机，尽可能避免同时起动，最好按容量的不同，从大到小逐一起动。

3. 电动机运行中的巡视

电动机运行是否正常，可从线路的电压、电流、电动机的温升、声响等情况来判断。首先要观察电动机电源电压，应在允许值的-5%～10%范围内；观察电动机工作电流，尽量使电动机在额定状态下运行；检查电动机温升，不应超过铭牌允许值；观察有无故障现象，如有应及时停机。

4. 电动机的定期维修

电动机在运行中除了进行必要的检查维护外，无论是否出现故障，都应进行定期维修，这是为了消除隐患、减少和防止故障发生的重要措施。定期维修分为小修和大修两种。小修只进行一般检查，对电动机的附属设备不做大的拆卸，每半年或更短的时间进行一次；大修就要全面解体检查，彻底清扫和处理，大约一年进行一次。大修后，应严格进行检验和通电试验，确保电动机完全合格后才能使用。

二、异步电动机的常见故障原因分析和处理

1. 合闸后电动机不动，但有嗡嗡声

（1）一相电源缺电或一相熔体熔断：应检查缺电原因，更换熔体或检修线路。
（2）绕组首、末端接反或一相绕组内部接错：应检查并改正接错绕组。
（3）电源电压过低：应找出电压过低的原因，排除故障，提供正常电压。

（4）负载过重，转子或生产机械卡塞：应减轻负载，或排除卡塞故障。

（5）轴承破碎或卡住：应及时修理或更换轴承。

2. 起动困难，起动后转速严重低于正常转速

（1）电源电压严重偏低：应检查电源电压并设法改善。

（2）将绕组三角形连接错接为星形连接：应改正连接方法。

（3）电动机定子绕组局部接错、接反：应检查并改正错接的绕组。

（4）绕组局部短路：应检查并及时排除短路点。

（5）笼型转子断条：应修复断条。

（6）负载过重：应适当减轻负载。

3. 电动机过热，甚至冒烟、冒火

（1）电源电压过高、过低或三相电压严重不平衡：应检查电源电压，设法调整。

（2）转子扫堂：应检查扫堂部位，清除扫堂故障。

（3）电动机频繁起动、频繁正、反转或负载过重：应控制起动次数，适当减轻负载。

（4）缺相运行或笼型转子断条：应查找原因，及时排除故障和修复。

（5）定子铁芯多次过热，质量变差：可适当增加绕组匝数或修理、更换铁芯。

（6）环境温度高，电动机又散热不好：应改善通风条件，采取降温措施。

（7）定子绕组短路、接错：应检查定子绕组，及时排除故障。

（8）风扇和风道出现故障：应检查风扇，清理风道。

4. 绕线式电动机电刷冒火或滑环过热

（1）电刷型号和尺寸不对，在刷盒中太松或太紧，不能自由活动：应选用合适的电刷，使之与刷盒间隙保持在 0.1mm 左右。

（2）电刷压力不足或过大：应按规定正确调整弹簧压力。

（3）电刷与滑环接触面积太大：应及时调整。

（4）滑环表面不平：应及时修理滑环。

（5）电刷质量不好，或电刷电流密度太大：应更换电刷或增大电刷截面积。

（6）刷架或滑环松动：应予以紧固。

（7）电刷与滑环接触面有油污或脏物：应及时清理干净。

5. 电动机轴承过热

（1）轴承损坏：应及时检查、修理、更换。

（2）润滑油过多、过少或变质：应按规定加足适量的合格润滑油。

（3）滚动轴承中润滑油脂堵塞太多：应清除滚动轴承中过多的油脂，或将油室内的润滑油脂充满至 2/3。

（4）轴承与轴颈、端盖轴承座孔配合过松：应检查或重新加工零件，并使之配合适当。

（5）联轴器未校正或皮带过紧：应重新校正联轴器，调整皮带松紧度。

（6）轴承间隙过大或过小：应更换合格轴承。

（7）转轴弯曲：应校正或更换转轴。

6. 电动机声音不正常或振动剧烈

（1）机座与基础紧固件松动：应重新紧固地脚螺丝。

（2）一相突然断路，电动机单相或两相运行：应立即停机，及时排除故障。

（3）传动系统不平衡，转子不平衡：应检查原因，及时排除。

（4）风扇不平衡：应检修风扇，校正平衡。

（5）安装不当，与负荷不同心或地基不符合规定：应及时纠正。

（6）气隙不均匀：应及时调整。

（7）轴承破碎或严重磨损：应及时更换轴承。

7. 机壳带电

（1）电源相线与零线接错或相线碰壳：应仔细检查，并及时改正接线。

（2）绕组受潮，绝缘老化，大电流造成对地短路：应进行烘烤，加强绝缘处理，及时检查并排除对地短路故障。

（3）保护接地线开路或接触不良：应检查并接牢保护接地装置。

三、思考与练习

1. 对电动机内部脏物的清理应该用压缩空气吹或用干布擦，为什么不能用湿布抹擦？

2. 电动机在运行时发出沉闷声是否正常？

3. 笼型异步电动机采用电阻降压时，是否可以频繁起动？

第九章

电气线路

本章学习重点

* 了解电气线路的种类与特点。
* 掌握常用导线的连接方法。
* 掌握电气线路的安全条件与导线的选择。
* 掌握电气线路的常见故障检查与维护要求。

第一节　电气线路的种类与特点

电气线路是电力系统的主要组成部分，其种类很多，按敷设方式分为架空线路、电缆线路和穿管线路等。而导线按其绝缘情况可分为塑料绝缘线、橡皮绝缘线和裸线等。

一、架空线路

架空线路通常是指档距超过 25m，利用杆塔敷设的高、低压电力线路。架空线路主要由导线、杆塔、绝缘子、横担、拉线与基础等组成。在我国，超高压送电线路基本上是采用架空敷设的。架空线路的导线是用来输送电流的，一般采用钢芯铝绞线、硬铜绞线、硬铝绞线和铝合金绞线。厂区内及有火灾危险的场所的低压架空线路宜采用绝缘导线。架空线路的杆塔有钢筋混凝土杆、木杆和铁杆之分。按其功能，杆塔分为直线杆塔、耐张杆塔、转角杆塔和终端杆塔等。直线杆塔用于线路的直线段，起支撑导线、横担、绝缘子之用；耐张杆塔在断线或紧线施工中能承受线路单方向的拉力；转角杆塔用于线路改变方向处，能承受线路两个方向的合力；终端杆塔能承受线路全部导线的拉力。架空线路的绝缘子用来支撑、悬挂导线并使之与杆塔绝缘，可分为针式绝缘子、悬式绝缘子、蝶式绝缘子和拉紧绝缘子等。架空线路中的横担是用来支撑导线的，常用的横担有角铁横担、木横担和陶瓷横担。

架空线路的特点是造价低、机动性强、施工和维修方便；但架空线路容易受大气和周围环境中各种有害因素的影响，会导致触电、短路等事故的发生。

二、电缆线路

电缆线路主要由电力电缆、中间接头和终端接头组成。电力电缆又分为油浸纸绝缘电缆、交联聚乙烯绝缘电缆和聚氯乙烯绝缘电缆。

电力电缆主要由缆芯、绝缘层和保护层组成。缆芯分为铜芯和铝芯两种；保护层分为外护层和内护层；外护层包括黄麻衬垫、钢铠和防腐层；内护层分为铝包、铅包、聚氯乙烯护

套、交联聚乙烯护套、橡套等。

户外用电缆终端接头有铸铁和瓷外壳终端接头、环氧树脂终端接头；户内用电缆终端接头常用环氧树脂和尼龙终端接头。电缆中间接头有环氧树脂、铅套和铸铁中间接头。电缆接头的事故率较高，约占电缆事故的 70%左右，故应时常关注电缆的安全运行状态，发现异常及时处理。

三、室内配线与电工辅料

室内配线的种类较多，其中，母线分为硬母线和软母线，干线又分为明线、暗线和地下管道配线，支线有护套线直敷配线、线槽配线、瓷夹板或塑料夹板配线、绝缘子配线、钢管和塑料管配线等。室内配线方式的选取，应与环境条件、负荷特征和建筑要求相适应。例如，潮湿环境应采用硬塑料管或针式绝缘子配线，爆炸危险环境应采用钢管配线。电力线路敷设时，严禁采用突然剪断导线的办法松线。导线连接时，必须注意做好防腐措施。

在电气设备安装与配线过程中，经常会用到一些电工辅助材料。常用的电工辅料有接线端子、连接器、热缩管、绝缘子、扎带等。

接线端子是为了方便导线的过渡连接而使用的电工附件，其结构就是在绝缘塑料里封装了金属片，两端都有插线孔，两端插线孔内部用金属连通，在应用中进线接插线孔一端，出线接另一端，这样，便有效完成了导线的过渡连接。实际应用中把多节端子组装成一排，叫接线端子排，接线端子排的额定电流要大于导线实际电流。

连接器就是我们通常说的接插件、插头和插座，其型号规格也很多。不管是何种规格的连接器，都应保证电流能顺畅而安全通过，其机械性能、电气性能和环境性能都应符合要求。

热缩管是一种特制的聚烯烃材质的热收缩套管，常用的有 PVC、PET 和含胶热缩管，具有高温收缩、绝缘防蚀等功能，主要用于各种线束、焊点等的绝缘保护与金属管棒的防锈和防蚀。

绝缘子是一种特殊的绝缘器件，主要由玻璃、陶瓷或胶木等绝缘材料制成。其作用主要是在高、低压架空线路中支撑导线并防止电流回地。常用的绝缘子的类型有柱式、悬式、针式、蝶式等。绝缘子在使用中应定期测试绝缘电阻，保证绝缘强度符合要求。

扎带又称扎线带和锁带，按材质的不同分为尼龙扎带和金属扎带，是配电与电控设备二次线路安装和电子产品内部线路排布等场合常用的固定辅料。

四、思考与练习

1．超高压送电线路要采用什么方式敷设？
2．电力线路分为输电线路和配电线路两种，动力线路属于什么线路？
3．爆炸危险环境应采用什么方式配线？

第二节　常用导线的连接

电工技术中导线的连接质量关系着线路和设备运行的可靠性和安全程度。导线连接的基本质量要求是：电接触良好，机械强度足够，接头美观，且绝缘恢复正常。为达此目的，必须掌握正确的线头绝缘层剖削技能和导线线头的连接方法。

一、线头绝缘层的剖削

1. 塑料硬线绝缘层的剖削

剖削导线线头时，截面积 2.5mm² 及以下的塑料硬线可用剥线钳剖削，4mm² 及以上的可用电工刀剖削。操作时，用电工刀将刀口与导线呈 45° 切入塑料绝缘层，注意不要伤及线芯，然后调整刀口与导线呈 15° 向前推进，将绝缘层削出一个缺口。接着将未削去的绝缘层向后扳翻，再用电工刀切齐即可。

2. 塑料软线和塑料护套线绝缘层的剖削

塑料软线绝缘层除了用剥线钳剖削外，还可用钢丝钳按直接剖削截面积 2.5mm² 及以下的塑料硬线的方法进行剖削，但不能用电工刀。塑料护套线中，公共护套层一般用电工刀剖削，先按线头所需长度，将刀尖对准两股芯线的中缝划开护套层，将护套层向后扳翻，然后用电工刀齐根切去。切去护套层后，露出的每根芯线的绝缘层可用钢丝钳或电工刀按照剖削塑料硬线绝缘层的方法分别除去。注意，钢丝钳或电工刀在切入时切口应距护套层 5～10mm。

3. 橡皮线绝缘层的剖削

由于橡皮线绝缘层外面有一层纤维编织保护层，应先用剖削护套线护套层的办法，用电工刀尖划开纤维编织保护层，并将其扳翻后齐根切去，再用剖削塑料硬线绝缘层的方法，除去橡皮绝缘层。若芯线上还包缠着棉纱，可将该棉纱层松开，再齐根切去。

4. 花线绝缘层的剖削

剖削花线绝缘层时，先用电工刀在线头所需的长度处切割一圈拉去，然后在距离棉纱编织层 10mm 左右处用钢丝钳按剖削塑料软线的方法将内层的橡皮绝缘层除去。如花线在紧贴线芯处还包缠有棉纱层，在除去橡皮绝缘层后，再将棉纱层松开扳翻，齐根切去即可。

二、导线线头的连接

常用的导线连接方法有绞接、压接和焊接等。由于导线的股数不同，其连接方法也各有差异。

1. 单股铜芯导线的连接

单股铜芯导线的连接有绞接和缠绕两种方法。绞接法用于截面积较小的导线，缠绕法用于截面积较大的导线。绞接法是先将已破除绝缘层并去掉氧化层的两根导线"×"形相交（图 9-1（a）），再互相绞合 3 圈，然后扳直两个线头的自由端（图 9-1（b）），再将每根线的自由端在对边的线芯上紧密缠绕到线芯直径的 6～8 倍长（图 9-1（c）），最后将多余的线头剪去并修理好切口毛刺即可。

缠绕法是将去除绝缘层和氧化物的线头相对交叠，再用合适直径的裸铜线在其上面进行缠绕（图 9-2），其中线头直径在 5mm 及以下的缠绕长度为 60mm，直径大于 5mm 的缠绕长度为 90mm。

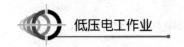
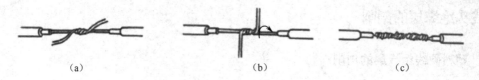

（a）　　　　　　　　　　（b）　　　　　　　　　　（c）

图 9-1　单股铜芯导线的绞接法连接

2. 单股铜芯导线的 T 形连接

单股铜芯导线的 T 形连接仍可用绞接法和缠绕法进行。绞接法是将需要连接的线头与干线剖削处的线芯十字相交，并在支线根部留出 3～5mm 裸线，接着按顺时针方向将支线在干线上紧密缠绕 6～8 圈（图 9-3）。最后剪去多余线头，修整好毛刺即可。

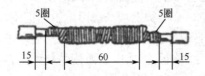

图 9-2　单股铜芯导线的缠绕法连接

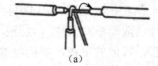

图 9-3　单股铜芯导线的 T 形连接

对于截面积较大的导线，若用绞接法有困难，仍可用缠绕法连接，如图 9-4 所示。其具体方法与单股铜芯导线直接连接的缠绕法相同。对于较小截面积的单股铜芯导线可用如图 9-5 所示的方法完成 T 形连接，先把支线线头与干线十字相交，在支线根部留出 3～5mm 裸线，将支线在干线上缠绕成结状，再把支线拉紧、扳直并紧密缠绕在干线上。为保证良好的电接触和足够的机械强度，缠绕长度为芯线直径的 8～10 倍为宜。

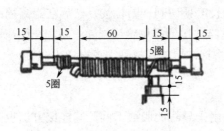

图 9-4　用缠绕法完成单股铜芯导线 T 形连接

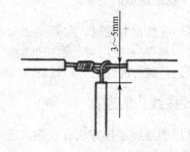

图 9-5　小截面积单股铜芯导线 T 形连接

3. 7 股铜芯导线的直线连接

先将除去绝缘层的线芯分成单股、散开、拉直，将其靠近绝缘层约 1/3 长度的线芯绞合、拎紧，余下的 2/3 长度的线芯分散成伞形，如图 9-6（a）所示；将两股伞形线头相对，隔股交叉直至伞形根部相接，然后捏平两边散开的线头，如图 9-6（b）所示；接着 7 股铜芯导线按 2、2、3 分成 3 组，先将第一组的两根线芯扳到垂直于线头的方向，如图 9-6（c）所示，按顺时针方向缠绕两圈，再扳成直角使其紧贴线芯，如图 9-6（d）所示；第二、三两组线头仍按第一组的缠绕办法紧密缠绕在线芯上，如图 9-6（e）所示。最后用钢丝钳剪平线头，修理好毛刺，如图 9-6（f）所示。另一边的线头也以同样的方法缠绕。

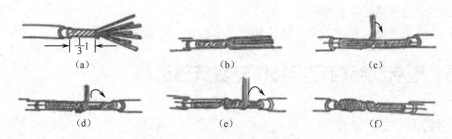

图 9-6 7 股铜芯导线的直线连接

4. 7 股铜芯导线的 T 形连接

把除去绝缘层的支线分散、拉直，再距根部 1/8 处将其绞紧，将支线按 3 和 4 的根数分成两组排列整齐。接着用一字形螺丝刀把干线也分成对等的两组，将支线的一组穿过干线的中缝，另一组排于干线的前面，如图 9-7（a）所示。先将前面一组在干线上按顺时针方向绕 3～4 圈，剪去多余线头，如图 9-7（b）所示。最后将支线穿越干线的一组在干线上按逆时针方向缠绕 3～4 圈，剪去多余线头，整理好毛刺即可，如图 9-7（c）所示。

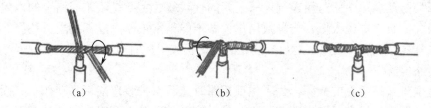

图 9-7 7 股铜芯导线的 T 形连接

更多股数铜芯导线的连接方法与 7 股的基本相同，但线头应进行钎焊处理。

5. 线头的压接与焊接

对于截面积较大的铜、铝导线可以用紧压连接的方法进行线头连接。该方法要用到压接套管作为辅件，铜导线用铜套管，铝导线用铝套管，操作时要用到压接钳。压接套管的截面有圆形和椭圆形两种。当需要连接铜线与铝线时，要采用铜铝连接套管，或者将铜线头镀锡后再用铝套管连接。切不可将铜线、铝线直接绞接，这样，会增大接触电阻，造成线路故障。另外，对于多股软铜线与设备和接线桩的连接，必须采用铜接头（接线鼻）压接。

还有些场合，导线的连接采用焊接的方法比较恰当。焊接的种类有锡焊、电阻焊、气焊、电弧焊等。一般截面积较小的铜导线适合采用电烙铁锡焊，较大截面积的铜导线宜采用浇焊法连接，铝导线的连接宜采用电阻焊或气焊。焊接时应严格按各自的焊接工艺要求进行。

特别注意：连接后的导线接头一定要进行可靠的绝缘修复，一般是缠绕绝缘胶布。缠绕时，后一圈压在前一圈的 1/2 处为宜，修复后的绝缘强度应与原绝缘强度相同，导线接头的机械强度应不小于原导线机械强度的 90%。

三、思考与练习

1. 较小截面积的单股导线平接时是否可以采用绞接法？

2. 铜铝导线直接绞接会产生什么后果？

3. 导线接头缠绕胶布时，后一圈压在前一圈的什么位置为宜？

第三节　电气线路的安全条件与导线的选择

一、电气线路的安全条件

1. 导电能力

导线的导电能力主要取决于导线的发热、短路电流、电压损失三个方面是否符合要求。

（1）发热条件。

为防止线路过热，要求导线运行的最高温度不得超过以下限值：橡皮绝缘线 65℃，塑料绝缘线 70℃，裸线 70℃，塑料电缆 65℃，铅、铝包电缆 80℃。

由于电流产生的热量与电流的平方成正比，因此，导线的允许电流应有一定的限制。

（2）电压损失。

电压损失是供电端电压与用电端电压之间的代数差，主要是由于线路上的电阻造成的。电压损失太大，负载电压太低，会导致用电设备不能正常工作。过低的电压还会导致电气设备损坏和电气线路发热。因此，对电气线路的电压损失也应有一定的限制。

（3）短路电流。

短路是电气线路常见的故障，为了保证短路时速断保护装置能可靠动作，必须有足够大的短路电流，要求导线有足够大的截面积，导线应能承受较大短路电流的冲击而不被破坏。特别是在保护接零系统中，相线与保护零线的阻抗应符合要求，单相短路电流应大于熔断器熔体额定电流的 4 倍（爆炸危险环境应大于 5 倍）或大于低压断路器瞬时动作过电流脱扣器整定电流的 1.5 倍。

2. 机械强度

运行中的导线，会受到自身重力、风力、电磁力、覆冰重力等力的作用，因此选择导线既要考虑允许载流量，还必须要保证足够的机械强度。除移动式设备的电源线和吊灯引线必须使用铜芯软线外，其他型式的配线一般不使用软线。穿钢管的铜芯导线的截面积不得小于 $1mm^2$。

3. 间距

电气线路与建筑物、树木及其他设施之间的安全距离应符合要求。架空线路电杆埋设深度不得小于 2m，且不得小于杆高的 1/6。

接户线应注意下列要求：

① 下方是交通要道，接户线离地面高度不得小于 6m；在交通困难的场合，接户线离地高度不得小于 3.5m。

② 接户线尽量不跨越建筑物，必须跨越时，离建筑物的高度不得小于 2.5m。

③ 接户线离建筑物突出部位的距离不得小于 0.15m，离阳台的垂直距离不得小于 2.5m，

离上方窗户或阳台的垂直距离不得小于 0.8m，离下方窗户的垂直距离不得小于 0.3m，离窗户或阳台的水平距离也不得小于 0.8m。

④ 接户线与树木之间的距离不得小于 0.3m。

⑤ 当接户线与通信线交叉，接户线在上方时，其间垂直距离不得小于 0.6m；接户线在下方时，其间垂直距离不得小于 0.3m。

4. 短路保护与过载保护

（1）短路保护。

由于短路电流很大，出现短路故障时必须靠短路保护装置瞬时动作切断电源，否则线路会发生火灾。起短路保护作用的电器主要有：熔断器、断路器和电磁式过电流继电器。熔断器动作虽然有反时限的特点，但热容量小，动作特性曲线很陡，当短路电流达到熔体额定电流 6 倍以上时，快速熔断器的熔断时间一般不超过 0.02s，因此，具有良好的短路保护性能。多级熔断器保护时，后级熔断器熔体的额定电流一定要小于前级的额定电流，否则短路故障出现时，会扩大停电范围。

（2）过载保护。

过载就是实际电流超过了设计允许的正常额定工作电流。为了充分利用电力线路的过载能力，过载保护必须具有反时限动作特性。热继电器和断路器的热脱扣器都具有良好的反时限特性，所以它们都可作为过载保护元件。热脱扣器的额定电流一般按负载电流的 1.1 倍选取。

对于没有冲击电流或冲击电流很小的电路，熔断器也具有过载保护的功能，但选用的熔断器熔体额定电流 I_F 要大于或等于负载电流 I_L，并小于或等于线路导体许用电流 I_C，一般情况下，熔体额定电流选为负载电流的 1～1.1 倍。由于熔断器熔体临界熔断电流约是熔体额定电流的 1.5 倍，在供电设计中应按计算电流选择电器，并按计算电流的 1.1～1.5 倍来选取照明线路熔断器熔体的额定电流为宜。

5. 线路的防护与管理

（1）线路防护。

各种线路应对化学性质、机械性质、热性质、环境性质、生物性质及其他有害因素的危害具有足够的防护能力，线路防护设计应符合相关的要求。

电力电缆在以下部位敷设时应穿管保护：

电缆引入或引出建筑物、沟道、隧道处；电缆通过铁路、道路处；电缆引入或引出地面时，地面以上 2m 和地面以下 0.1～0.25m 的一段；电缆与各种管道或沟道之间的距离不足规定的距离处；电缆有可能受到机械损伤的部位。

（2）线路管理。

保证电气线路运行正常，加强线路管理非常重要。线路管理要重视以下问题：

电气线路应有必要的资料和文件，如施工图、试验记录。还应建立巡视、清扫、维修制度。

架空线路在野外会受到各种不利因素的影响，因此，除在设计中必须考虑的有害因素的防护外，还必须重视巡视和检修工作，拟定防止事故扩大的措施。

对临时线也应建立相应的管理制度，安装临时线要办理申请与审批手续；临时线应由专

人负责；移动式临时线必须采用有保护芯线的橡套软线，长度一般不超过 10m；临时架空线的高度和其他间距也应不小于正规线路所规定的限值。

另外对电缆线路也必须加强管理，应定期进行试验，确保其运行正常。

二、导线的选择

选择导线重点要考虑安全载流量、机械强度、导线耐压及线路电压损失等因素。确定导线的安全载流量，首先要计算出负载电路实际通过的电流。电流可利用第三章的功率计算公式进行精确计算，家庭单相配电线路的电流可分以下两部分进行估算。

1. 电热器具及白炽灯照明用电电流

4.5×电热器具、白炽灯总千瓦数（A）

2. 电动器具及荧光灯照明用电电流

4.5×电动器具、荧光灯总千瓦数/0.8（A）

计算出电流后，根据选择导线的三个基本要素，选取合适的导线电流密度（电流密度=电流/截面积），便可确定导线截面积。电流密度的选取要考虑导线电流的趋肤效应，即电流越大，电流密度就越小，截面积越大。一般，100A 以内的线路（铜芯）电流密度取 $5\sim6A/mm^2$ 即可。关于导线的截面积应注意：照明灯具引线室内铜芯导线不小于 $1mm^2$；室外铜芯导线不小于 $1.5mm^2$；铝芯导线不小于 $2.5mm^2$；固定间距为 $3\sim6m$ 时，铜芯导线不小于 $2.5mm^2$，铝芯导线不小于 $4mm^2$；家用插座的导线应选择不小于 $2.5mm^2$ 的铜芯导线；大功率家用电器专用插座应选择 $4mm^2$ 及以上的铜芯绝缘线；穿管用绝缘导线，铜芯不小于 $1mm^2$，铝芯不小于 $2.5mm^2$。

导线的额定电压要大于线路工作电压，并不小于工作电压的峰值。

三、思考与练习

1. 什么是线路过载？
2. 导线的选择要考虑哪些主要因素？
3. 导线的额定电压如何选取？

第四节　电气线路的巡视检查与维护

保证电气线路运行正常，必须认真做好电气线路的巡视检查和维护工作。

一、架空线路的巡视检查

架空线路的巡视分为定期巡视、特殊巡视和故障巡视。定期巡视是指，对于 10kV 及以下的线路，每季度至少巡视一次。特殊巡视是运行条件发生突然变化后的巡视。故障巡视是发生故障后的巡视。

架空线路的巡视检查主要包括以下内容：

（1）电杆有无倾斜、损坏及基础下沉现象，横担和金具是否移位，固定是否牢固。

（2）导线和避雷线有无断股、腐蚀和外力破坏造成的痕迹，拉线是否完好，绑扎线是否牢固，螺丝是否锈蚀。

（3）绝缘子有无破裂、脏污、烧伤及闪络痕迹，绝缘子铁件是否损坏。

（4）保护间隙大小是否合格，避雷器引下线是否完好，接地体是否外露，连接是否完好。

（5）沿线路的地面是否堆放有易燃、易爆或强烈腐蚀性物质，有无在雷雨或大风天气可能对线路造成危害的建筑物及其他设施，线路上有无杂物沉积。

二、电缆线路的巡视检查

电缆线路的定期巡视一般也是每季度一次，户外电缆终端头要求每月巡视一次。电缆线路的巡视检查主要包括以下内容：

（1）明敷电缆：沿线的挂钩或支架是否牢固；电缆外皮有无腐蚀或损伤；线路附近是否堆放有易燃、易爆或强烈腐蚀性物质等。

（2）直埋电缆：线路标桩是否完好；沿线路地面上是否堆放矿渣、垃圾等重物，有无临时建筑物；线路附近是否开挖；地面上是否堆放石灰等可造成腐蚀的物质；露出地面的电缆有无穿管保护；电缆引入室内处的封堵是否严密；洪水期间或暴雨过后要巡视附近有无严重冲刷或塌陷现象。

（3）沟道内的电缆线路：沟道的盖板是否完好无缺，沟道是否渗水和积水，沟道内是否堆放有易燃、易爆物品；电缆铠装或铅包有无腐蚀，全塑电缆有无被老鼠啃咬的痕迹；暴雨过后应巡视室内沟道是否进水，室外沟道泄水是否通畅。

（4）电缆终端头和中间接头：电缆终端头的瓷套管有无裂纹、脏污及闪络痕迹，充有电缆胶、油的终端头有无溢胶、漏油现象；接线端子连接是否良好，有无过热迹象；中间接头有无变形、温度是否过高；接地线是否完好、有无松动。

对于在巡视检查过程中发现的问题，巡视人员应做好记录，并及时报告；职能部门应及时做好检修和维护工作，确保电气线路的安全运行。

三、思考与练习

1．线路的定期巡视一般多少时间进行一次？

2．线路巡视人员发现问题时，是否允许个人立即进行检修？

第十章

照明设备

本章学习重点

* 了解电气照明的种类及方式。

* 掌握常用照明设备的安装方法与要求。

* 熟练掌握照明电路故障分析与检修的方法。

第一节　电气照明的种类及方式

一、电气照明的种类

电气照明按光源的性质分为热辐射光源和气体放电光源两大类。热辐射光源是由电流通过钨丝使其温度升高到白炽状态而发光的光源，如白炽灯、碘钨灯等照明灯具。其特点是发光效率低，灯具周围温度高，但灯具结构简单，功率因数高，光色好。气体放电光源是利用电极之间气体放电而产生可见光和紫外线，再由可见光和紫外线激发灯管或灯泡内壁上的荧光粉使之发光的光源。其特点是发光效率高，可达白炽灯的 3 倍左右，但附件多，造价高，启辉时间较长。其代表灯具有日光灯、高压汞灯（又称高压水银灯）、高压钠灯等。

二、电气照明的方式

按用途不同，电气照明的方式可分为生活照明、工作照明和事故照明三种。

生活照明是指人们日常生活所需要的照明。生活照明属于一般照明，它对光照度的要求不高，选择的光源只要能比较均匀地照亮周围环境即可。一般，照明的电源应优先选用 220V。

工作照明是指人们从事工作、学习、生产劳动、科学研究和试验等需要的照明。它要求有足够的光照度。在局部照明和工作空间较小的环境，可选用光通量不太大的光源，如日光灯、白炽灯等；若在人多的公共场所，则需要有较大光通量的光源，如高压水银灯、碘钨灯等。

事故照明是在可能因停电造成事故或较大损失的场所而必须设置的照明，如医院的手术室、急救室、矿井、爆炸危险环境、公众密集场所等。事故照明的作用是当正常照明出现故障停电后，它能自动接通电源，代替原有照明。由此可见，事故照明是一种保护性照明，可靠性要求高，绝不允许在使用中出现故障。事故照明一般采用白炽灯，并且，不允许和其他照明共用同一线路。

随着科技的发展，电气照明灯具的型号规格也越来越多，除普通型灯具外，还有防水型灯具、防尘和防爆型灯具等。另外，节能灯具的应用也越来越广泛。

三、思考与练习

1. 热辐射光源和气体放电光源各有哪些主要灯具？
2. 事故照明应选用什么灯具？为什么事故照明不能跟其他照明共用同一线路？

第二节 常用照明设备的安装

一、照明开关的安装要求

照明开关的型号规格很多，常用的有拉线开关、扳把开关、翘板开关、钮子开关、防雨开关等，各种规格的开关的安装要求也有差异。

（1）扳把开关距地面一般为 1.2～1.4m（通常取 1.3m），距门框为 150～200mm。

（2）拉线开关距地面一般为 2.2～2.8m，距门框为 150～200mm。

（3）仓库的电源开关应安装在仓库外，单极开关应装在相线上，不得装在零线上。

（4）密闭式开关的保险丝不得外露，开关应串接在相线上，距地面的高度 1.4m 为宜。

（5）多层潮湿场所和户外应用防水瓷质开关，或加装保护箱。

（6）在易燃、易爆和特别场所，开关应分别采用防爆型、密闭型的或安装在其他处所控制。

（7）当电动机功率在 0.5kW 以下或电阻性负荷在 2kW 以下时，允许用插销代替开关。

二、插座的选择与安装

插座有单相两孔、单相三孔和三相四孔之分。民用建筑中所用插座的容量分为 10A 和 16A。选用插座应注意其额定电流与电器和线路的电流相匹配，否则会引发事故。普通插座选用 10A 即可，但空调、热水器及其他大功率用电设备必须选用 16A 专用插座。

插座的安装应符合以下要求：

（1）不同电压的插座应有明显区别，避免互用。

（2）携带式或移动式电器用插座，单相应用三孔插座，三相应用四孔插座，其接地孔应与接地线或保护零线可靠连接。

（3）明装插座距地面不低于 1.4m，民用住宅应不低于 1.8m；暗装插座距地面应不低于 30cm；儿童活动场所的插座应采用安全插座，或安装高度不低于 1.8m。

（4）各种规格的插座接线如图 10-1 所示。

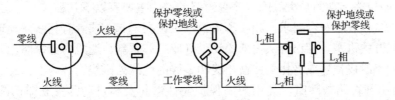

图 10-1　各种规格的插座接线

三、照明灯具的安装要求

（1）日光灯、白炽灯等灯具吊线应选用截面积不小于 $0.75mm^2$ 的铜芯绝缘软线。

（2）螺口灯头装上灯泡后，灯泡的金属螺纹不应外露，且应接在零线上。

（3）每一照明回路的配线容量不宜大于 2kW。

（4）照明系统中每一单相回路上，灯具与插座的数量不宜超过 25 个。

（5）同一区域的所有照明灯具必须采用并联连接，灯具的额定电压应符合电源电压。

（6）220V 照明灯具的安装高度应符合下列要求：

① 车间、办公室、商场、住宅等室内一般不低于 2m。

② 潮湿、危险场所及户外不低于 2.5m。

③ 灯具低于上述高度而又无安全措施的车间照明、行灯、机床局部照明灯应采用 36V 及以下的安全电压。

（7）露天照明装置应采用防水器材，高度低于 2m 的应另设防护措施。

（8）碘钨灯、太阳灯等特殊照明灯具，应单独分路供电，不得装在有易燃、易爆品的场所。

（9）在有易燃、易爆和潮湿气体的场所，应采用防爆式、防潮式照明设备。

四、思考与练习

1．墙边开关的安装高度多少米为宜？

2．灯具安装高度，室内、室外各不得小于多少米？

3．每一单相回路上灯具与插座的数量不宜超过多少个？

第三节 照明电路故障分析与检修

照明电路的常见故障有断路、短路和漏电三种。各种故障的产生原因及检修方法均有不同。

一、断路

电路断路主要是相线断电。产生断路的原因主要有：线路断开、熔丝熔断、线头松脱、开关未接通、线头腐蚀等。

二、短路

短路是照明电路出现的最大故障。产生短路的原因主要有以下几种：

① 用电设备接线不符合要求，相线和零线接头碰在一起，或者有相线碰地现象。

② 灯座或开关进水、螺口灯头内部松动或灯座顶芯歪斜，造成内部短路。

③ 导线的绝缘皮损坏或老化，并在相线和零线的绝缘处碰线。

照明电路出现短路故障时，先由短路保护元件熔断器和自动开关立即切断电源，然后及时查找原因。查找照明电路短路故障的原因可采用"逐路通电法"和"校火灯法"进行排查。

（1）逐路通电法。

逐路通电法是先将烧断熔丝的那只熔断器保护范围内的全部负载断开（如果是多层楼房可将各层的总熔断器或自动开关断开），然后将已换上同规格新熔丝的熔断器（或自动开关）接通，如果新熔丝不再烧断（或自动开关不断开），说明短路故障在熔断器（或自动开关）后面的支路上。这时，就可以逐个给用电设备或逐条给支路送电。如果送电到某一设备或某一支路时熔丝烧断（或自动开关断开），则短路点就在该设备或该支路上。利用此方法，逐步缩小范围查找，最后必定会准确查出短路故障点。

（2）校火灯法。

校火灯法的排查步骤是：先关掉熔断器后面的所有用电设备，将校火灯（灯泡）串联在待查电路的电源供电部位，例如，串联在胶盖闸刀熔丝相线的两个接线桩上（熔丝已去掉）。接通电源，若校火灯正常发光，说明该闸刀后面的总干线或各支线开关之前的支线有短路现象。这时可仔细查找该段线路，重点查导线接头处、绝缘破损处、穿线管进出口处。如果校火灯不发红，说明前段线路正常，这时将各支线或用电设备逐个接通，此状况是校火灯跟后面接通的负载串联，正常时校火灯上有部分分压，应发红但达不到正常亮度。如果接通某条支线或某个用电设备时，校火灯突然达到正常亮度，则说明该支线或用电设备内部有短路故障。这时，便可切断电源，进行仔细排查。

三、漏电

漏电主要是相线和用电设备内部绝缘损坏造成的。常见的漏电方式有相线对地漏电、设备外壳带电而产生的漏电。漏电不但浪费电能，还可能造成人身触电事故。漏电保护也是电气保护中的一种重要保护。

漏电保护一般采用漏电保护器来实现。当线路漏电电流超过漏电整定电流值时，漏电保护器动作，切断电路。如果发现漏电保护器动作，应及时查出漏电接地点，并进行有效的绝缘处理后再通电。照明线路的漏电排查可从以下几个方面进行。

（1）首先判断线路是否确实漏电。最简单的方法是用兆欧表测量一下绝缘电阻，如绝缘电阻值远小于允许值，则为漏电。或者在总刀闸相线上串接一只电流表，接通全部电灯开关，取下灯泡，如发现电流表指针摆动，则为漏电，电流越大漏电越严重。

（2）判断漏电路线。仍以接入电流表检查为例，切断零线，观察电流的变化，如电流表指示不变，则是相线与大地之间漏电；电流表指示为零，则是相线与零线之间漏电；如电流表指示变小但不为零，则表示相线与零线、相线与大地之间均有漏电。

（3）确定漏电范围。取下支线熔断器或断开开关，如电流表不变化，则说明是干线漏电；电流表指示为零，说明是支线漏电；电流表指示变小、但不为零，则说明干线与支线均有漏电。

（4）查找漏电点。按上文所述的方法确定漏电的支线和线段后，依次拉开该线路的灯具开关，当拉开某一开关时，电流表指针变小或回零；如回零，则是这一支线漏电；如变小，则除该支线漏电外还有其他漏电处；如所有灯具开关都拉开后，电流表指针仍不变，则说明是该段干线漏电。

根据以上方法，可将漏电故障的范围减到很小，然后查找出具体漏电部位。一般，照明线路漏电现象在导线穿墙处和导线接头处发生的概率多一些。一旦查出漏电的具体部位，应

及时排除，并采取防范措施。

照明电路的故障除了上述的三种情况外，还有一个常见的故障现象就是灯光闪烁、忽明忽暗。产生该种故障现象的主要原因有：电源电压波动；灯泡与灯头接触松动或接触面氧化层太厚；开关动、静触头之间接触松动或氧化层较厚；保险丝接触松动、导线接头处松动等造成的接触不良，电路时通时断。日光灯的灯管和镇流器有质量问题也会出现灯光闪烁的现象。

照明电路及设备的故障分析与检修是低压电工必须掌握的基本而又重要的知识与技能。平时要认真做好照明电路的维护，出现故障时及时排除，确保照明电路的安全运行。

四、思考与练习

1. 用电笔检查插座时，两个插孔都不发光或两个插孔都发光各是什么原因造成的？
2. 合上电源开关就烧断保险丝是什么故障造成的？
3. 灯泡接触不良的故障现象是什么？

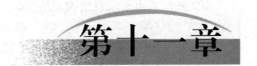

电力电容器

本章学习重点
* 了解电容补偿原理与电容器结构。
* 掌握电力电容器的安装、接线要求。
* 掌握电力电容器的安全运行要求。

第一节　电容补偿原理与电力电容器结构

一、电容补偿原理

　　我们知道，配电线路中低功率因数会使线路电流增大，电能不能得到充分利用，因此，必须将功率因数提高到规定数值。提高功率因数的方法主要有以下几种：一是要合理选用电动机，在生产实际中要根据生产机械的需要，合理选择电动机的容量，尽量避免"大马拉小车"的现象；二是要减少设备空载运行时间；三是要并联电力电容器进行无功功率补偿，这种方法是最常用且最有效的。根据电感性负载和电容性负载的特点，当电感性负荷和电力电容器并联时，线路上的总电流 I 会比未补偿时减小很多，总电流 I 和电源电压 U 之间的夹角 ϕ 也将减小，功率因数 $\cos\phi$ 就会增大。其补偿原理如图 11-1 所示。

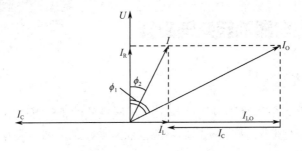

图 11-1　电容补偿原理图

　　上图中，补偿前线路上的无功电流为 I_{LO}，线路上的总电流为 I_O，并联电容器后，由于产生的电容电流 I_C 抵消了一部分电感性电流，使得线路上的电感性无功电流减小为 I_L，从而使线路上的总电流减小为 I。

　　从上图可知，无功补偿从功率因数 $\cos\phi_1$ 提高到 $\cos\phi_2$ 需要的电容电流为

$$I_C = I_{LO} - I_L = I_R(\tan\varphi_1 - \tan\varphi_2)$$

式中，I_R 为线路上的有功电流。

由此式可求得要求补偿的无功功率为

$$Q = P(\tan\varphi_1 - \tan\varphi_2)$$

式中，Q——需要补偿的无功功率（电力电容器的容量），单位为千乏；

P——计算有功功率，单位为千瓦；

φ_1——补偿前的功率因数角；

φ_2——补偿后的功率因数角。

只要知道补偿前的功率因数 $\cos\varphi_1$ 和想要达到的功率因数 $\cos\varphi_2$，就可分别算出补偿前后的功率因数角 φ_1 和 φ_2，再将算得的有功功率 P 一起代入上式，就可较精确计算出需要补偿的电力电容器的容量。然后可以根据计算结果，合理选择并联电容器的容量。

对于较大负荷的配电线路，功率因数一般要求控制在 0.9～1。并联电容器的补偿容量也不能过多，否则会出现过补偿现象，同样不能达到理想的供电质量。电容补偿多采用低压补偿，即在低压配电房中设置电容屏与配电屏并列运行。在电容屏上，如此精确的补偿容量的投切，只能靠质量可靠的无功功率自动补偿控制器来完成，一旦该控制器失灵，必须及时修理或更换。

二、电力电容器结构

电力电容器主要由芯子和外壳组成。芯子由元件和绝缘件组成。元件是由聚丙烯薄膜和电容器纸为介质与铝箔卷制而成的，或是以纯聚丙烯薄膜为介质与铝箔卷制而成的。外壳用薄钢板焊接而成，盖上出线瓷套，两侧壁上均有供安装、吊运用的吊攀。电容器属于静止设备，三相电力电容器内部一般采用三角形接法。

三、思考与练习

1．电容与电容器容量的单位有什么区别？

2．为什么说并联电容器有减少电压损失的作用？

第二节　电力电容器的安装与接线

一、电力电容器的安装

电力电容器安装环境的温度不应超过 40℃，周围空气的相对湿度不应大于 80%，海拔高度不应超过 1 000m，环境中无易燃易爆危险或强烈震动，且周围不应有腐蚀性气体、蒸汽及大量灰尘、纤维物质。

电容器室应为耐火建筑，且耐火等级不低于二级；电容器室内还应有良好的通风。电容器应避免阳光直射，受阳光直射的窗玻璃应涂上白色。

电容器分层安装时，一般不超过三层；层与层之间不得有隔板；相邻电容器之间的距离不得小于 5cm；上、下层之间的净距离不小于 20cm；下层电容器底面对地高度不应小于 30cm；电容器外壳和钢架都应有接 PE 线的措施。

电容器必须有合格的放电装置。低压电容器可以用灯泡或电动机绕组作为放电负荷。放电电阻只要满足 30s 放电后，电容器上最高残留电压不超过安全电压即可。高压电容器可以用电压互感器的高压绕组作为放电负荷。电容器放电回路中切不可装熔断器或开关。

每相电容器放电电阻可按下式计算

$$R \leqslant 1.5 \times 10^6 U^2/Q$$

式中，U——线电压，单位为 kV；

　　　Q——每相电容器容量，单位为 kvar。

二、电力电容器的接线

三相电容器内部为三角形接法。单相电容器应根据其额定电压和线路的额定电压确定接线方式：电容器额定电压与线路相电压相符时，采用星形接法；电容器额定电压与线路线电压相符时，采用三角形接法。

在实际应用中，为了取得良好的补偿效果，应将电容器分成若干组再分别往电容器母线上连接。每组电容器都应设置可靠的保护装置，并可分别控制。

低压电容器两种补偿方式的接线如图 11-2 所示。其中，图 11-2（a）为集中补偿，图 11-2（b）为分散补偿。

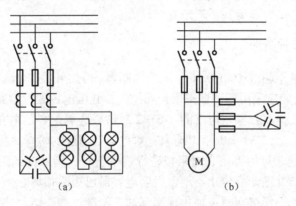

（a）　　　　　　　　　　　　（b）

图 11-2　低压电容器两种补偿方式的接线图

三、思考与练习

1．为什么电容器放电回路中不能装熔断器或开关？

2．并联电容器所接的线停电后是否要断开电容器组？

第三节　电力电容器安全运行

由于电力电容器是充油设备，因此，在安装、运行或操作不当时有可能会着火或爆炸；另外，电容器的残留电荷还可能威胁人身安全，所以，电容器的运行必须安全可靠。

一、电容器的运行参数

相关标准规定，运行中的电容器的电流不应长时间超过电容器额定电流的 1.3 倍；电压不应长时间超过电容器额定电压的 1.1 倍；电容器外壳温度不得超过 65℃；电容器各连接点不

得有松动和过热现象；套管应清洁，不得有放电痕迹；外壳不应有明显变形和漏油痕迹。

二、电容器的合理投切及操作注意事项

电容器的合理投切是提高功率因数、保证配电质量的基础。当功率因数低于 0.9、电压偏低时，应及时投入电容器组；当功率因数趋近于 1 且有超前趋势时，应及时退出一部分电容器组；当运行参数超出电容器的工作条件或电容器三相电流明显不平衡时，都应及时退出电容器组。如发生下列任意一种故障情况，电容器组必须紧急退出运行。

（1）电容器外壳严重膨胀变形。

（2）瓷套管出现严重闪络现象。

（3）连接点严重过热，甚至融化。

（4）电容器或其他放电装置发出严重异常声响或爆破。

（5）电容器起火冒烟。

配电房正常停电时，应先拉开电容器开关，然后拉开各路出线开关；送电时顺序相反。

电容器断路器跳闸后不得强行送电；熔丝熔断后，在未查明原因前，不得更换熔丝送电。

电容器不允许在带有残留电荷的情况下合闸。检查修理时，断开电容器电源后，必须进行有效的人工放电。若电容器爆炸，不可立即检查。

三、电容器的保护与巡视

低压电容器总容量不超过 100kvar 时，可用熔断器、刀熔开关、交流接触器来保护和控制；总容量超过 100kvar 时，应采用断路器来保护和控制。低压电容器用熔断器保护时，单台电容器熔体的额定电流可按电容器额定电流的 1.5～2.5 倍来选取；多台电容器熔体的额定电流可按电容器额定电流之和的 1.3～1.8 倍来选取。对电容器熔丝的检查，每月必须进行一次。对电容器好坏的检查，通常可用万用表电阻挡进行。检查时，指针摆动后应逐渐回摆；电容器测量时，如果万用表指针摆动后停止不动，说明电容器已短路损坏。

在运行中必须经常巡视电容器：如出现渗漏油、温度过高、熔丝熔断、套管闪络等现象，应及时查明原因，并妥善处理，排除故障；如出现外壳膨胀、异常声响、电容器爆破等现象，应及时将电容器退出运行，并给予更换。

四、思考与练习

1. 检查电容器时，只要检查电压是否符合要求即可。这个说法是否正确？

2. 用万用表电阻挡检查电容器时，为什么万用表指针打到右端不回摆，说明电容器已短路损坏？

第十二章

安全用具的使用

实训一 指针式万用表的使用

一、实训目的

通过实操训练，使训练者掌握指针式万用表的使用方法。

二、实训器材

（1）指针式万用表若干。

（2）多种阻值的被测电阻若干。

（3）交、直流电源各 1 个。

三、实训内容

1. 电阻的测量

步骤一　选择合适的量程。

（1）根据估计的被测电阻值，选择合适的量程，尽量使指针落在刻度盘的几何中心位置。

（2）如不知被测电阻值范围时，可先将转换开关置于中等倍率挡，然后再进行调整。

步骤二　调零。

每换一个量程挡都要机械调零。如调不到零位，就要更换电池。

步骤三　测量。

调零前需先插好表笔，将红表笔插入"+"插孔，黑表笔插入"-"插孔。选择好量程与调零后，将表笔直接搭在电阻两端，读取读数。用量程乘以指针值即为实测的电阻值。

注意： 若在电路中测量电阻值，必须将电阻从电路中脱开，切不可带电测量。

2. 测量交流电压

步骤一　选择量程。

（1）测量前须将转换开关拨到对应的交流电压量程挡，尽量使指针落在刻度盘 2/3 的位置。

（2）若不知道被测电压的大致范围，应将量程先拨到交流电压最高挡，然后再进行调整。

步骤二　测量。

（1）测量时将表笔并联在被测电压两端。测交流电压不分极性。最好用一只手以拿筷子的方法握表笔进行测量。

（2）根据读取的指针值，再对照选择的量程就可算出实际测量值。如不能直观读出，就以指针值除以满刻度值再乘以量程即为精确的测量值。

注意： 若选的量程使指针所处的位置与理想状态偏离太远，就必须更换量程重测，否则误差较大。

3. 测量直流电压

步骤一　选择量程。

（1）测量前将转换开关置于直流电压挡，根据估计的被测电压范围，选择合适的量程挡。

（2）若不知被测电压的大致范围，则将量程选大一点，而后再进行调整。

步骤二　测量。

（1）接上电源，红表笔搭电源正极，黑表笔搭负极。若不知电压极性，则将量程置于直流电压最高挡进行试测：若表针右偏，红表笔接触的为正极，否则相反。

（2）确定好合适的量程后，根据万用表指针所处的位置，对照量程即可读取测量值。

4. 测量直流电流

步骤一　测量准备。

测量直流电流要先切断直流电路，即将被测电路断开。测量时要将红表笔接触高电位端，黑表笔接触低电位端。若不知电源极性，可在电路未断开前用判断直流电压极性的方法判断出极性，而后再搭接表笔。

步骤二　选择量程。

（1）根据已知的直流电流大致范围，选择合适的量程，尽量使指针落在标度盘 2/3 的位置。

（2）若不知电流的大致范围，可将量程置于直流电流最高档进行试测，而后再进行调整。

步骤三　测量。

根据已判断出的电流极性，选择好合适的量程，将红表笔串接在电流进线端，黑表笔串接在电流出线端。根据指针所处的位置，对照量程即可读出测量值。

注意： 测量后，必须先断开电源，再撤离表笔。

四、注意事项

（1）万用表使用结束，将转换开关置于交流电压最高挡。

（2）利用实训台进行交、直流电源测量时，应小心谨慎，不得用手碰触带电体，以防触电。

（3）实训者必须在实训前掌握各实训项目所需的专业知识。实训操作时，应精神饱满，穿戴好必要的安全防护用品，遵守安全操作规程。

实训二 数字万用表的使用

一、实训目的

通过实训，使训练者掌握数字万用表的使用方法。

二、实训设备

（1）数字万用表若干。

（2）交、直流电源各 1 个。

（3）被测电阻若干。

三、实训内容

1. 测量直流电阻

步骤一 预置量程开关。根据估计的直流电阻范围，选择合适的量程挡。若显示屏上显示"1"，则表示量程偏小，应调整。

步骤二 正确插好表笔。将红表笔插 V/Ω孔，黑表笔插 COM 孔。

步骤三 测量与读数。将红、黑表笔搭接在电阻两端，若测量电路上的电阻一定要先切断电源，否则会烧坏仪表。数字万用表可以直接在显示屏上读取测量值。

注意： 当量程大于 1MΩ时，需要几秒钟后读数方能稳定属于正常现象。

步骤四 测量完毕，及时关闭电源开关。

2. 测量交流电压

步骤一 预置量程开关。根据估计的交流电压范围，选择合适的量程挡。若不知被测电压范围，应先置于最高量程挡试测，而后进行调整。

步骤二 测量。

（1）先将红表笔插 V/Ω孔，黑表笔插 COM 孔。

（2）接通被测电源，将两个表笔并联搭接在被测电源上，可直接读取测量值。交流电压可不考虑极性问题。

步骤三 测量完毕，及时关闭电源开关。

3. 测量直流电压

步骤一 预置量程开关。根据提供的直流电压范围，选择合适的量程挡。

步骤二 测量。

（1）先将红表笔插 V/Ω孔，黑表笔插 COM 孔。

（2）将红表笔搭接在直流电源正极，黑表笔搭接在直流电源负极。若在显示值前面出现"-"，则说明红表笔搭接的是电源负极。

若操作正确，便可在显示屏上直接读取测量值，再将两个表笔从被测电源上移开。

步骤三　测量完毕，及时关闭电源。

四、注意事项

（1）测量时，做好个人安全防护工作，遵守安全操作规程，防止触电。

（2）不可在测量时更换挡位。

（3）普通数字万用表不得用于测量 1 000V 以上的电压。

（4）测量过程中要小心谨慎，防止被测电路出现短路事故。

（5）测量完毕，将转换开关置于交流电压最高挡，仪表妥善保管在干燥、无腐蚀性气体的场所。

实训三　用钳形电流表测量交流电流

一、实训目的

通过实训，使训练者掌握钳形电流表的使用方法。

二、实训设备

（1）钳形电流表若干。

（2）交流负载电路。

（3）安全防护用品（绝缘手套、绝缘鞋等）。

（4）万用表 1 个。

三、实训内容

步骤一　测量前准备。

（1）检查钳形电流表是否完好无损；指针是否摆动自如；换挡是否灵活、干脆；平放仪表，检查指针是否在零位，如不在零位，应进行调零。

（2）检查实训台提供的交流负载电流与钳形电流表的量程是否匹配；交流负载电路是否完好。

（3）检查绝缘手套、绝缘鞋等电工安全防护用品是否穿戴完好；监护人是否到位。

步骤二　选择合适的量程档。

（1）根据已知的负载电流，选择合适的量程，其量程要略大于负载电流。

（2）如不知负载电流的大小，先将量程调到高挡位，然后根据实训电流的大小，再进行量程调整，尽量使指针落在标度盘 2/3 的位置。

步骤三　测量。

先打开交流电源，接通负载电路。操作者平端仪表，张开钳口，将被测载流导线置于钳口中间，然后闭合钳口。注意：一定要将导线置于钳口中间，否则由于漏磁通增大，会降低仪表的测量精度。

步骤四　读取数值。

选择合适的量程可以直观读取读数。如不直观，则将指针值除以满刻度值再乘以量程就是所测的实际电流值。如果电流很小，在最低量程上测量时，指针偏转角度仍然很小，则可以将导线在钳口铁芯上缠绕几匝，再闭合钳口进行测量，读取数值。但实际电流值应为测量值除以所绕的匝数（即钳口内的导线条数）所得到的结果。

步骤五　测量结束，应先断开负载，再切断交流电源。

四、注意事项

（1）测量时，实训者必须严格遵守安全用电操作规程，戴绝缘手套，并做好安全防护工作。

（2）测量时，若要更换量程挡，应先将导线从钳口内退出，换好挡后，再钳住导线进行测量。

（3）钳形电流表不可测量裸导线和高压线上的电流。

（4）仪表使用结束，应将量程选择旋钮置于最高量程挡。

实训四　用兆欧表测量运行异常的三相异步电动机绝缘电阻

一、实训目的

通过实训，使训练者掌握用兆欧表测量三相异步电动机绝缘电阻的方法。

二、实训器材

（1）多种规格的兆欧表若干。

（2）三相异步电动机（1～7.5kW）若干台。

（3）万用表、电笔若干。

（4）常用电工安全防护用品。

三、实训内容

步骤一　选择合适的兆欧表。一般，新电动机选用 1 000V 兆欧表，运行过的旧电动机可选用 500V 兆欧表。还应检查仪表的质量是否符合要求：先将仪表的 L 线与 E 线分开，以 120r/min 的转速摇动摇把，仪表指针应指"∞"；再将 L 线与 E 线短接，轻轻摇动摇把，指针应指"0"。如出现异常，说明兆欧表已损坏，需要更换。

步骤二　停电、验电。

（1）断开被测电动机电源开关。

（2）对被测电动机进行验电，主要在电源断开处验明三相都无电压。

步骤三　设置安全警示标志。验电结束，在开关断开处挂禁止合闸类标志牌。

步骤四　放电与拆线。

用绝缘导线进行绕组对地放电和相间放电。放电结束，拆除电动机接线盒处的电源引入线。

步骤五　测量。

（1）测量绕组对地绝缘电阻。

将兆欧表 E 线接在电动机外壳上（如端子盒上的接地螺丝），再将兆欧表 L 线接到任一绕

组端（即接线盒上绕组引出端），然后以 120r/min 的速度摇动摇把，稳定 1min 后读取读数。测量结束，撤除仪表接线并进行放电。

（2）测量相间绝缘电阻。

先拆去电动机接线端子上原有的连接片，再将兆欧表 L 线和 E 线各接一相绕组的引出线，然后仍以 120r/min 的速度摇动摇把，稳定 1min 后读取读数。测量结束，撤除 L 线并放电。然后，以同样的方法测量另外两相绕组的绝缘电阻。注意，每次测量后都应进行放电。

（3）判断。

对于测出的绝缘电阻值，判断是否合格。

① 对于新电动机，其绝缘电阻值应不低于 1MΩ；

② 对于运行过的旧电动机，其绝缘电阻值应不低于 0.5MΩ。

四、注意事项

（1）正确选择兆欧表的规格，测量前必须进行兆欧表开路和短路试验。

（2）每次测量完毕，必须对绕组进行充分放电。

（3）兆欧表未停止转动时，切不可用手去触及被测部分和接线桩。兆欧表停止转动后，在未充分放电之前，人体也不得接触被测端和仪表裸露接线桩。

（4）做好安全防护工作，必要时，应设专人监护。

实训五　接地电阻测试仪的使用

一、实训目的

通过实训，使训练者掌握接地电阻测试仪的使用方法。

二、实训器材

（1）接地电阻测试仪若干。

（2）测量用接地钎子、导线若干。

三、实训内容

步骤一　测量前的准备工作。

（1）选择接地电阻测试仪。可选用经济实用的 ZC—8 型接地电阻测试仪。

（2）检查测试仪的质量。测试仪外观应完好无损，检流计指针应能自由摆动，附件应齐全。附件主要包括 5m、20m、40m 导线各 1 根，接地钎子 2 个。

（3）调整指针位置。将测试仪平放，检查指针与基准线是否对准，否则应调整对准。

（4）验表。将仪表端子 C、P 短接，摇动摇把，调整标度盘使检流计指针与中心线重合。

步骤二　测量接地电阻。

（1）连接专用导线，使两个接地钎子与接地装置在一条直线上，且彼此相距 20m。先将接地电阻测试仪平放于接地装置附近，然后再连接导线。

① 将仪表电流极 C_1 接上 40m 长的专用导线，再与离接地装置 40m 远的接地钎子连接。

② 将仪表电位极 P_1 接上 20m 长的专用导线，再与离接地装置 20m 远的接地钎子连接。

③ 将 C_2、P_2 短接后与 5m 长的专用导线连接，并接接地装置。

（2）测量。先将量程（倍率）选择开关置于最大量程位置，缓慢摇动摇把，同时调节测量标度盘（即调整电位器的阻值），使检流计指针始终指在中心线（红线）上，这表明仪表内部工作在平衡状态。当指针接近中心线时，加快摇把转速，使其达到 120r/min 的转速，再次调节测量标度盘，使指针稳定在中心线上，即可进行读数。

步骤三　读取数值。将指针在测量标度盘上的数值乘以倍率就是所测的接地电阻值。如果测量中发现测量标度盘读数小于 1，应将量程选择开关置于较小一挡，再重新测量。

四、注意事项

（1）测量接地装置的接地电阻，必须先将接地线路与被保护的设备断开，方能测得较准确的接地电阻值。

（2）使用后的接地电阻测试仪的检流计要进行机械调零，使指针位于中间位置。

（3）测量前要对仪表做短路试验。方法是将测试仪所有接线端子短接，再以 120r/min 的速度摇动摇把，然后调节旋钮，当指针回到零位时，标度盘应正好在零位，如不在零位，则说明测试仪准确度不佳。

（4）被测接地装置与两个接地钎子的接地点应在一条直线上。

（5）切忌在雷雨天气测量防雷接地体的接地电阻。

实训六　测量运行异常的低压电力电容器绝缘电阻

一、实训目的

通过实训，使训练者掌握用兆欧表测量运行异常的低压电力电容器绝缘电阻的方法。

二、实训器材

（1）多种规格的兆欧表若干。

（2）接线夹与短接线若干。

（3）线手套与专用放电棒若干。

（4）被测低压电力电容器。

三、实训内容

步骤一　选择 1 000V/2 000MΩ 兆欧表，并进行检查与试验。

（1）外观检查。兆欧表应完好无损，指针摆动灵活，摇动摇把无阻卡现象。

（2）开路与短路试验。先将兆欧表上 L 线与 E 线分开，逐渐加速摇动摇把使转速达到 120r/min，此时指针应指"∞"位；再将 L 线与 E 线短接，缓慢摇动摇把，指针应指"0"位。若在试验中达不到上述要求，说明兆欧表有质量问题。

步骤二　停电、验电。

（1）检查电容屏上电源总开关是否断开，同时还要断开被测电容器上的电源开关。

（2）对被测电容器进行验电。只有在验明电源断开处确无三相电压时，才能进行后面的步骤。

步骤三　挂警示牌。断电检查结束后，应在开关把手位置挂上"禁止合闸，有人工作"的警示牌。

步骤四　放电。停电后，必须对电容器进行各相对地及相间放电。

步骤五　拆除电容器上的原有连接线，并在电容器上加接短接线。具体做法是先拆开电容器接线桩上的三相连接线，而后用接线夹将电容器三相接线桩短接。

步骤六　测量。

先将仪表 E 线接电容器外壳，L 线等待连接电容器接线桩。然后摇动摇把，使转速升到120r/min，再将 L 线搭接在电容器接线桩上。指针稳定后，才可读取读数。读数结束，应先撤 L 线再停摇摇把。根据要求，交接试验，绝缘电阻值应不小于 2 000MΩ；预防性试验，绝缘电阻值应不小于 1 000MΩ。

步骤七　放电。测量结束，应对电容器进行充分放电。特别注意，在兆欧表未停止转动之前，切不可用手碰触设备测量部位和仪表接线桩裸露部位。

四、注意事项

（1）所选的兆欧表最大刻度值应不小于 2 000MΩ。

（2）测量前应对电容器进行充分放电，测量后也需放电。

（3）兆欧表测量时应"先摇动后测量"，结束时应"先撤离后停止"。

（4）严格遵守安全用电操作规程，防止触电事故的发生。

实训七　低压四芯铠装电力电缆绝缘电阻的测量

一、实训目的

通过实训，使训练者掌握用兆欧表测量电力电缆绝缘电阻的方法。

二、实训器材

（1）1 000V 兆欧表若干。

（2）低压四芯铠装电力电缆若干。

（3）线手套、专用放电棒若干。

三、实训内容

步骤一　对选用的兆欧表进行检查。

（1）外观检查。兆欧表应无缺陷，指针摆动灵活，摇把无阻卡现象，表线完好且长度适中。

（2）进行开路与短路验表。当 L 线与 E 线分开时，摇动摇把将转速升到120r/min，指针应指"∞"位；当 L、E 线短接时，摇动摇把，指针应指"0"位。

步骤二　停电、放电。停电后，先将各芯线对地放电，然后再进行相间放电，直到看不见火花和听不到放电声音为止。最后拆除电缆的所有连接线。

步骤三 测量。先测量 L_1 相线对地（铠装外皮）的绝缘电阻。其操作顺序为：先将 L_2、L_3、N 相线芯短接后接地，然后再与兆欧表 E 线相接；L 线用绝缘夹持件夹持后由一人手拿着悬空，另一人摇动兆欧表摇把，使转速达到 120r/min，然后将 L 线与 L_1 相线芯接触，便可进行读数与记录。最后，撤离 L 线，停止摇动摇把，然后进行放电。根据上述方法，可分别测量出 L_2、L_3 相线对地的绝缘电阻。

四、注意事项

（1）每次测量前都应将电缆进行放电、接地。

（2）兆欧表 L 线不得拖地，摇把摇动时转速应均匀且达额定转速。

（3）电缆终端头套管表面应擦干净，接好屏蔽线。

（4）测量电力电缆绝缘电阻应有两人参与，电缆的另一端应有安全措施。

（5）兆欧表接线桩与被测电缆间的导线，应用单股线分别连接，不可用双股绝缘线和绞线。

（6）兆欧表做短路试验时，时间不宜太长，否则容易损坏仪表。

（7）禁止在雷雨时或在高压设备附近用兆欧表测量电力电缆的绝缘电阻。

实训八 低压验电笔的检查与使用

一、实训目的

通过实训，使训练者掌握低压验电笔的使用方法及注意事项。

二、实训器材

（1）低压验电笔若干。

（2）测量用单相和三相低压交流电源各 1 个。

三、实训内容

步骤一 使用前的检查。先对照所选验电笔实物，进一步了解验电笔的结构及原理，再检查验电笔的外观与结构是否有破损和缺陷、氖管等附件是否齐全、笔头是否有脏污。

步骤二 带电测试，检查验电笔的好坏。先在电源处对验电笔进行带电测试，观察氖管发光是否正常。测试时，握笔方法要正确，即手指接触笔帽金属部位，笔尖接触测试部位。

步骤三 测量电源。

按正确的握笔方法先测量单相电源，测相线验电笔应发光，测零线验电笔不发光。然后，依次测量三相电源，测每相时验电笔都应发光。测相线时，如果验电笔不发光，说明相线断路。

四、注意事项

（1）检查验电笔时，若发现有破损和结构缺陷，切不可使用。

（2）握笔方法应正确，手指必须接触笔帽金属部位，笔尖接触测试部位。

（3）实际测试时，按单相、三相电源依次进行。

（4）测试时，必须小心谨慎，严防在三相电源测试过程中发生碰相而引起短路故障。

实训九　低压电工绝缘手套的检查与使用

一、实训目的

通过实训，使训练者掌握绝缘手套的检查与使用方法。

二、实训器材

5kV 绝缘手套若干。

三、实训内容

步骤一　对提供的多双绝缘手套，先检查是否有耐压试验合格的标志。由于耐压试验是绝缘手套的关键检验项目，如未发现耐压试验合格标志，即可判定该手套质量不合格。

步骤二　外观检查。主要检查绝缘手套是否有破损和脏污。

步骤三　检查绝缘手套是否漏气。先将手套的伸入口张开，并快速往前移动一下，让空气进入手套内，然后将手套的伸入口叠齐，并用力卷起，使手套内部的空气不外泄。当卷到一定程度时，手套的手指部位便自然鼓起。此时，用一只手抓住卷起的伸入口，另一只手挤压各个手指部位，再用耳朵听是否有漏气声，如有漏气声，则说明手套有砂眼或裂缝，不能使用。检查时，两只手套都要查，不可漏检。

步骤四　绝缘手套的正确使用。穿戴手套时，必须先将工作服袖口系好，并一同穿进手套内，切不可将袖口置于手套外。

四、注意事项

（1）绝缘手套在使用前，必须检查外观，应无破损、脏污和漏气；还应有在有效期内的耐压试验合格标志。禁止使用不符合要求的手套。

（2）穿戴手套时，必须将衣服袖口穿进手套内。

（3）应将绝缘手套单独存放在密闭的橱柜内。

实训十　电工安全标志牌的辨别和使用

一、实训目的

通过实训，使训练者掌握各类电工安全标志牌的辨别和使用方法。

二、实训器材

（1）安全标志牌若干。

（2）停电检修的设备与场地。

三、实训内容

（1）设备检修的标志牌。设备检修时，应选择"禁止合闸，有人工作"的标志牌，标志牌应为"白底红字"。标志牌必须挂在检修设备前面的电源开关手柄上。

（2）线路检修的标志牌。线路检修时，应选择"禁止合闸，线路有人工作"的标志牌，标志牌应为"红底白字"。标志牌必须挂在一合闸即可送电到检修线路的电源开关手柄上。

（3）警告标志牌"禁止攀登，高压危险！"。标志牌为"白底红边黑字"，应挂在工作地点附近可能上下的铁架上或运行的变压器的梯子上。

（4）警告标志牌"止步，高压危险！"。标志牌为"白底、红边、黑字、有红色箭头"。标志牌应挂在工作地点临近带电设备的遮拦上、室外工作地点附近带电设备的构架横梁上、禁止通行的过道上及高压试验地点。

（5）准许类标志牌"从此上下！"。标志牌为"绿底黑字，位于白圆圈中"。标志牌应挂在工作人员上下的铁架、梯子上。

（6）准许类标志牌"在此工作！"。标志牌为"绿底黑字，位于白圆圈中"。标志牌应挂在室内、室外工作地点或施工设备上。

（7）提醒类标志牌"已接地！"。标志牌为"绿底黑字"。标志牌应挂在看不到接地线的工作设备上。

（8）提示类标志牌"安全出口"。标志牌为"绿底白字"。标志牌应挂在人员聚集场所的出口处。

四、注意事项

（1）警告和准许类标志牌的悬挂数量由现场需要决定。
（2）禁止类标志牌的悬挂数量与工作班组数一致。
（3）提醒类标志牌的数量与装设接地线的组数一致。
（4）提示类标志牌"安全出口"的悬挂数量与出口数一致。

第十三章

安全操作技术

实训十一　三相交流异步电动机单向运转（带点动）控制电路的接线与运行

一、实训目的

（1）通过实训，使训练者掌握三相交流异步电动机单向运转（带点动）控制电路的接线方法和运行调试技能。

（2）通过运行调试，深入理解点动控制与自锁控制电路的原理与特点。

二、实训器材

（1）熔断器（RL1—15/10）3个，交流接触器（10A，线圈电压380V）1个，熔断器（RT系列，熔芯4A）2个，热继电器（JR系列20/3，热整定电流3.2～5A）1个。

（2）起动、停止、点动按钮各1个。

（3）三相交流异步电动机（1～2.2kW/380V）1台。

（4）黄、绿、红色导线（BV—2.5mm^2）各若干，导线（BV—1.5mm^2）若干，黄、绿双色线若干。

（5）万用表1个。

（6）三相交流电源。

（7）常用电工接线工具。

三、实训内容

步骤一　选择实训项目需要的元器件和导线。

步骤二　根据提供的电路图，检查安装好的元器件是否完整、合理、牢固。

步骤三　接线。

（1）接主电路。按电源、熔断器、接触器、热继电器、电动机的顺序，选择黄、绿、红导线分相序规范接线。

（2）接控制电路。根据已装好的电器，按照图8-5控制电路图规范接线。

步骤四　通电运行试验。

接好线，经实训老师检查后方可进行通电运行操作。其操作顺序如下：

（1）先用万用表电阻挡检查控制电路是否有短路现象。具体做法是先将两根控制电源线的其中一根断开一端，再将两个表笔分别搭接二次电路电源输入端的两根线头，此时，电阻应为"∞"，若为零即有短路现象。

（2）表笔搭接不动，分别按下点动按钮和起动按钮，万用表能测出接触器线圈电阻，属正常现象。然后，将断开的控制电源线恢复原状。

（3）开启实训装置电源开关，按电源按钮，调节调压器，使电源输出线电压为380V（若无仪表显示，则应用万用表测量）。

（4）按下点动按钮，电动机应正常起动；松开点动按钮，电动机应及时停转。

（5）按下连续运行起动按钮，电动机应正常起动运行。松开按钮，观察电动机是否能维持正常运转，即检查自锁功能是否正常。

（6）按下停止按钮，观察电动机是否及时停转。

实训完毕，先按实训装置电源停止按钮，再断开电源开关，切断三相电源。

四、注意事项

（1）规范接线。每个线头露铜不得超过 2mm，接线牢固，不反圈。

（2）主电路三相连接线的颜色按"黄、绿、红"的顺序，电动机外壳上接的保护线用黄绿双色线。

（3）通电前必须用万用表检查二次电路，确认无短路现象后方可通电。

（4）通电操作时，严格遵守安全用电操作规程，不可用手触及带电部分及电动机转动部分，防止触电和意外伤害事故的发生。

五、思考与练习

1．何谓自锁？自锁功能是由什么部件完成的？如误用常闭触头做自锁部件，将会出现什么现象？

2．用万用表测量控制线路是否有短路故障时，要把二次线路断开一端，这是为什么？

3．若自锁功能失去作用，如何用万用表检查？

附：控制电路板接线规范

1．在安装好元器件的控制电路板上接线应符合的要求

（1）走线通道要尽可能少，导线按主控电路分类集中，单层密排，并紧贴安装板。

（2）布线应横平竖直，分布均匀，改变走向应垂直。

（3）同一平面的导线应高低一致，不能交叉。遇到非交叉不可的情况，该导线在接线端子引出时，应水平架空跨越且走线合理。

（4）同一元件、同一回路的不同接点的导线间的距离应保持一致。

（5）导线与接线端子或接线桩连接时，不得压绝缘层、不反圈，露铜长度不超过 2mm。

（6）一个电气元件接线端子的连接导线不得多于两根，每节接线端子排上的连接导线一般只允许连接一根。

（7）布线时严禁损伤线芯和导线绝缘。

（8）为便于检修，连接导线终端应套与原理图电位号一致的号码管。

2. 采用线槽布线应符合的工艺要求

（1）线槽固定应横平竖直，线槽与电气元件的间距适中，以便于布线且节约导线为宜。

（2）所用导线不能损伤线芯和绝缘，中间不得有接头。

（3）元器件上、下接线端子引出线，应分别进入上、下线槽，导线不允许从水平方向进入线槽内。

（4）进入线槽的导线尽量避免交叉，而且要全部进入线槽。为便于装配与维修，槽内所装导线不宜过满，应控制在线槽容量的70%以内。

（5）线槽以外的连接导线也应走线合理，尽量做到横平竖直，改变走向应垂直。

（6）在同一电气元件上位置一致的端子上引出的导线要敷设在同一平面上，并做到高低、前后一致，不得有交叉。

（7）选用的接线端子必须与导线的截面积和材料性质相适应。一般一个接线端子接一根导线。

（8）端子排上的接线端子及二次电路导线接头都应套上与原理图电位号一致的号码管，便于检修。

实训十二　三相交流异步电动机正、反转控制电路的接线与运行

一、实训目的

（1）通过实训，使训练者掌握三相交流异步电动机正、反转控制电路的接线技能和运行调试方法。

（2）深入理解电动机换向的原理和联锁功能在正、反转控制电路中应用的重要性。

二、实训器材

（1）熔断器（RL1—15/10）3个，交流接触器（10A，线圈电压380V）2个，热继电器（JR系列20/3，整定电流3.2～5A）1个，熔断器（RT系列，熔芯4A）2个。

（2）三相交流异步电动机（1～2.2kW/380V）1台。

（3）绿、红、黑按钮各1个。

（4）万用表1个。

（5）黄、绿、红导线（BV—2.5mm²）各若干，导线（BV—1.5mm²）若干。

（6）三相交流电源。

（7）常用电工接线工具。

三、实训内容

步骤一　选择实训项目需要的元器件和导线。

步骤二　根据图 8-6 电路图检查安装的元器件是否合理、完整、牢固。

步骤三　接线。

（1）接主电路。按照电源、熔断器、接触器、热继电器、电动机的顺序，选择黄、绿、红导线分相序依次规范接线。

（2）接控制电路。根据已安装好的元器件，按照图 8-6 电路图进行规范接线。

步骤四　通电运行试验。

接好线，经实训指导老师检查后，方可进行通电运行操作。其操作顺序如下：

（1）先用万用表检查控制电路是否有短路现象，方法与实训十一相同。

（2）开启实训装置电源总开关，按电源按钮，调节调压器，使电源输出线电压为 380V。

（3）按正转起动按钮，观察电动机和接触器的运行情况。

（4）按停止按钮，观察电动机是否能及时停转。

（5）按反转按钮，先观察电动机是否改变转动方向；待稳定后再重新按正转按钮，观察电动机和接触器的运行情况。由于有了联锁功能，从反转直接改为正转，也不会发生短路，只是冲击电流大一些。实际应用中的正常操作，是要待反转停稳后才能改为正转运行。

（6）按下停止按钮，电动机停止运行。

注意：在以上各项运行试验中，如功能不正常，先由训练者对照电路图自己分析、排除故障，最后经指导老师检查合格后才能重新通电。

（7）实训结束，先按实训装置电源停止按钮，再断开电源开关，切断三相交流电源。

四、注意事项

（1）联锁是防止电动机正、反转误操作导致短路的有效方法，在接线时一定要集中注意力，防止接错。

（2）接线规范，每个接线点不超过两根线。

（3）如按下起动按钮，接触器吸合，但电动机不转或很慢且有嗡嗡声，应立即停机。因为该类故障多数是电动机缺相造成的，另外相电流会很大，容易烧坏电动机。

（4）通电操作需谨慎，应严格遵守安全用电操作规程和实训程序，切不可用手碰触带电体，防止触电事故的发生。

五、思考与练习

1. 如何将辅助触头联锁改为按钮联锁？

2. 正、反转接触器主电路接线时，有一端必须要交换相序。如果将接触器主触头进、出线两端都交换了相序，会产生什么后果？

实训十三　单相电能表带照明灯的安装与接线

一、实训目的

（1）通过实训，使训练者掌握单相电能表带照明灯的安装、接线方法。

（2）通过运行试验，理解电能表与日光灯的工作原理。

二、实训器材

（1）单相有功电能表（220V/5A）1个，日光灯（220V/6—12W）1套，漏电保护器1个，双联开关2个，扳把开关1个，照明灯一个，三孔插座一个。

（2）红、绿导线（BV—2.5mm^2）各若干。

（3）万用表1个。

（4）220V交流电源。

（5）常用电工安装接线工具。

（6）紧固件若干。

（7）常用电工安全防护用品。

三、实训内容

步骤一　选择220V/5A单相有功电能表和220V/40W日光灯，并对它们进行外观检查，搞清楚其内部接线原理。

步骤二　选择并检查电路所用的其他元器件。漏电保护装置的动作电流整定为30mA。选择红、绿导线（BV—2.5mm^2）各若干。

步骤三　安装元器件。

步骤四　根据图4-11电路图规范接线。按照电源、电能表、漏电保护器、插座、双联开关、照明灯、扳把开关、日光灯的顺序规范接线。（如联网考核的控制台对接线顺序有要求的，则按其要求进行）。相线用红色线，零线用绿色线。电能表接线不得有露铜现象发生。

步骤五　通电运行试验。接好线，经指导老师检查合格后方可进行通电运行试验。

（1）合上电源开关，再分别扳动双联开关，照明灯都应能正常开关，当照明灯亮时，检查电能表是否工作正常。

（2）扳动扳把开关，观察日光灯是否正常发光。

（3）用万用表检查三孔插座是否符合接线要求。

（4）实验中若有部分功能不正常，应由学员对照电路图自行排除。

（5）试验结束，断开电源开关。

四、注意事项

（1）接线工艺符合接线规范。

（2）电能表电流进出线方向切勿搞反。

（3）通电试验时，应严格遵守安全用电操作规程，防止触电事故的发生。

五、思考与练习

1. 在实际应用中，为什么电能表要接在开关之前？
2. 电子镇流器与电感式镇流器在接线上有什么区别？

实训十四 带熔断器（断路器）、仪表、电流互感器的电动机运行控制电路的接线

一、实训目的

通过实训，使训练者掌握三相动力线路中电动机、接触器、电流互感器、电流表等元器件的接线方法。

二、实训器材

（1）熔断器 3 个（RL1-15/15）、电流互感器（30/5）1 个、电流表（30/5）1 个、熔断器（RT 系列、熔芯 4A）2 个，三相交流电动机（2.2—4KW）1 台，交流接触器（10A/380V）1 个，热继电器（JR 系列 20/3、整定电流 11A）1 个，按钮 2 个（LA18-11、红绿各 1）。

（2）黄、绿、红导线（BV—2.5mm^2）各若干，导线（BV—1.5mm^2）若干，黄、绿双色线若干。

（3）万用表 1 个。

（4）常用电工接线工具。

三、实训内容

步骤一 根据电路原理，选择合适的元器件和导线。

步骤二 接线。根据图 8-7 电路图，在安装好的元器件上规范接线。

（1）接主电路。按电源、熔断器、交流接触器、电流互感器、热继电器、电动机的顺序接线。主电路用 BV—2.5mm^2 导线。

（2）接控制电路。根据图 8-7 控制电路图规范接线。电流互感器 K_1 端子引出线接电流表进线端。电流回路应采用 2.5mm^2 导线，电压回路采用 1.5mm^2 导线。

步骤三 通电运行试验。

通电试验前，先将电流表机械调零，经指导老师检查允许后方可进行通电运行试验。

（1）按下实训装置电源启动按钮，用万用表检查电源线电压是否为 380V。

（2）按下启动按钮，观察接触器、电动机是否运转正常，电流表是否有合理指示。

（3）松开启动按钮观察接触器自锁功能是否正常。

（4）按下停止按钮，电动机停止运行，电流表应指示为零。

（5）实验结束，断开实验装置三相电源。

四、注意事项

（1）接线正确、符合工艺规范。

（2）电流互感器一、二次电流进、出线方向切勿搞错。电流互感器二次侧需用黄、绿双色线可靠接地。

（3）电流互感器与电流表的变比必须选择一致，否则仪表显示不准。

（4）严格遵守安全用电操作规程，操作者穿戴好必要的安全防护用品，谨慎操作，防止触电事故的发生。

实训十五　常用导线的连接

一、实训目的

通过实训，使训练者掌握多种常用导线的连接方法。

二、实训器材

（1）单股及多股常用铜芯、铝芯导线若干。

（2）铜接头、铜铝过渡管、并沟线夹等。

（3）尖嘴钳、剥线钳、压线钳、电工刀、熔锡锅、焊锡、导电膏、绝缘胶带等。

三、实训内容

步骤一　单股铜芯导线的连接。

单股铜芯导线的连接分两种情况进行：截面积较小的单股铜芯导线可采用绞接法进行连接，操作方法如图9-1所示；截面积较大的可采用缠绕法进行连接，如图9-2所示。接头连接后要进行刷锡与绝缘修复。注意：导线在连接前必须进行除锈处理。

步骤二　单股铝芯导线的连接。

铝芯导线由于表面极易氧化，一般不采用铜芯导线的连接方法。铝芯导线的连接常用螺钉压接、压接管压接和并沟线夹螺钉压接。连接前也同样要进行线头除锈处理。

步骤三　多股铜芯导线的直接连接。

（1）7股铜芯导线的直接连接。将去除绝缘层和氧化层的线头分成单股散开并拉直，在线头总长1/3处将其绞紧，余下2/3长度的线头分成伞形。再将两股伞形线头相对，隔股交叉直至伞形根部相接，然后捏平两边散开的线头，再按照图9-6所示的操作顺序继续完成全部连接。最后做好绝缘修复工作。

（2）19股铜芯导线的直接连接。19股铜导线的连接与7股的基本相同。由于线芯股数多，在连接时还可剪去中间的几股，按要求在根部留出一定长度绞紧，隔股交叉，分组缠绕。最后对接好的线头进行刷锡处理和绝缘修复。

步骤四　铜芯、铝芯导线的连接。

（1）小截面积单股铜芯、铝芯导线的连接。在干燥的室内，只要先将铜芯刷锡便可与铝芯直接连接。但连接前要去锈、涂导电膏，且绝缘层的修复要更完善一些。

（2）较大截面积的单股铜芯、铝芯导线的连接（或在潮湿的室外）。必须采用铜铝过渡接头进行连接。常用的过渡接头有铜铝过渡管和铜铝线夹等。

四、注意事项

（1）各种连接方式接线前，导线都必须进行除锈处理。

（2）接线必须紧密牢固，接头抗拉强度不小于原来的90%。

（3）根据导线接头的种类，涂抹合适的导电膏。

（4）接好线后，应及时完成接头绝缘层的修复，其绝缘强度应与原来的相同，不得降低。

（5）根据不同的使用环境，选择合适的导线截面积。其选择方法详见本书第九章第三节。

第十四章

作业现场安全隐患排除

实训十六　低压配电屏安全隐患的检查与排除

一、实训目的

通过实训，使训练者掌握低压配电屏安全隐患的检查内容与排除方法。

二、实训器材

（1）低压配电屏及其安装接线场景图。

（2）兆欧表1个。

三、实训内容

步骤一　检查低压配电屏外观有无异常。

（1）检查低压配电屏上表示"分""合"的信号指示是否正确。

（2）检查隔离开关、断路器、熔断器与互感器的接触点是否牢固，有无过热或变色现象。

（3）检查二次回路导线的绝缘是否有破损和老化迹象。

步骤二　检查低压配电屏门上的接线情况。主要检查低压配电屏正门和仪表门上的 PE 保护线是否接好。如未接或松脱，可能出现柜门意外带电的情况，危及人身安全，应妥善接好保护线。

步骤三　用兆欧表检查低压配电屏主电路和控制电路的绝缘电阻，如在断电情况下低于 $0.5M\Omega$ 就必须停止使用。待查明原因、排除故障后，方能投入运行。

四、注意事项

（1）PE 保护线必须采用 BVR—$2.5mm^2$ 铜芯黄、绿双色线。

（2）绝缘电阻的检查必须在断电情况下进行，不可带电测量。

（3）检查人员必须遵守安全用电操作规程，防止意外事故的发生。

实训十七　车间配电箱的安全隐患排查

一、实训目的

通过实训，使训练者掌握车间配电箱安全隐患的排查方法。

二、实训器材

（1）车间配电箱及 PE 保护线接线场景图。

（2）测电笔 1 支。

三、实训内容

步骤一　检查车间配电箱上的开关、熔断器、接触器的接触点是否牢固，有无过热现象。

步骤二　检查电流表、电压表的指示，如发现有严重过载和电压严重不平衡的现象，应及时处理。

步骤三　检查车间配电箱门上的 PE 保护线是否接好；车间配电箱上多路保护线是否采用汇流排压接；是否有外壳带电现象。

步骤四　检查是否有铜、铝导线直接绞接的现象，如有就容易引发火灾，应及时处理。

四、注意事项

（1）禁止用铝管压接铜导线。

（2）车间配电箱上各支路零线不能直接绞接，应采用汇流排引出。

（3）检查者必须遵守安全用电操作规程，防止触电。

实训十八　电气控制室的安全隐患的识别与排查

一、实训目的

通过实训，使训练者掌握电气控制室安全隐患的识别和排查方法。

二、实训器材

（1）电气控制室与控制设备。

（2）电气控制室运行安全要求与管理制度。

三、实训内容

步骤一　检查电气控制室的通风、防尘等环境条件是否符合要求。若电气控制室的通风、防尘条件差，必定会影响电气控制室的安全运行。

步骤二　检查控制设备上的各种指示标志是否与图纸一致，如有人为变动，将会引起误操作和控制失误。

步骤三　查看电气控制室安全管理制度及执行情况。安全管理制度不健全、不落实是增加电气控制室安全隐患的重要原因。

四、注意事项

（1）电气控制室内的设备必须保持清洁，控制装置上不得堆放杂物，以免影响设备散热。

（2）梅雨潮湿季节，应定期检测控制设备的绝缘电阻。

（3）控制设备的 PE 保护线应连接可靠。

实训十九　低压电容器屏的安全风险识别和隐患分析

一、实训目的

通过实训，使训练者掌握低压电容器屏安全风险和隐患的识别方法。

二、实训器材

（1）低压电容器屏及其安装使用场景图。

（2）测电笔、温度计。

三、实训内容

步骤一　检查低压电容器屏与配电屏之间的母线连接、与屏内电容器之间的连接是否牢固可靠，相序是否正确；电容器间距是否大于 5cm。如不符合，安全风险必定增大。

步骤二　测量电容器的运行温度，观察其温升是否超过允许值；检查电容器是否有外壳鼓包和漏油现象。如有异常，必须停止运行。

步骤三　观察低压电容器屏上电流表、电压表的读数，应不得超过额定值的 1.1 倍，否则，低压电容器屏的安全风险会增大。

步骤四　检查电容器放电装置是否合格、完善。若电容器放电装置和回路出现异常，运行危险性会很大。

四、注意事项

（1）电容器屏上的所有门都应装接可靠的 PE 保护线。

（2）低压电容器屏的使用场所应有良好的通风。

（3）电容器保护装置必须动作可靠。若保护装置在运行中动作断电，在未查明原因之前，不得重新通电。

（4）电容器运行一定时间后，应按规定值进行一次耐压试验。每月需对电容器和熔丝进行一次检查。

第十五章

作业现场应急处置

实训二十　触电事故现场的应急处理

一、实训目的

通过实训，使训练者掌握触电后快速脱离电源的方法和断电后处理的注意事项。

二、实训器材

（1）触电急救仿真人体模特。

（2）触电仿真场景与急救常用物品。

三、实训内容

步骤一　若开关和插座在触电现场，应迅速断开开关和拔掉插销。发现有人高压触电，必须立即通知供电部门进行紧急断电。

步骤二　如果触电现场没有电源开关，但有带绝缘手柄的刀、斧，可用刀、斧将电线砍断。

步骤三　如果触电现场有干燥的木棒或其他绝缘棒，可利用它们将电线从触电者身上挑开；如触电者衣服干燥，救护者戴有绝缘手套或穿了绝缘鞋，可抓住触电者衣服，迅速将其拉离电源。

步骤四　如果救护者有绝缘导线，可将其一端接地，另一端接到触电者接触的带电体上（前端），人为造成短路，使自动开关跳闸或熔断器熔断。

四、注意事项

（1）触电者脱离电源后，应及时对触电者进行观察判断，根据触电伤害的程度，采用不同的急救方法。

（2）如触电者神志清醒，只是感觉头昏、恶心，应让其安静躺下休息，减轻心脏负担；如触电者神志不清，但心跳、呼吸尚存，应让其在通风凉爽的地方平躺下休息，不要走动，可给他闻一些氨水，及时请医生或送医院救治。

（3）如触电者心跳尚存，但呼吸停止，应及时利用口对口人工呼吸法进行抢救；如触电者呼吸尚存，但心跳停止，应及时利用胸外心脏按压法进行抢救；如触电者呼吸、心跳都停止，若没有其他外伤、瞳孔未放大，则可能是假死，应及时采用心肺复苏法进行抢救。

（4）在对触电者进行抢救期间，不得打强心针（肾上腺素）。

（5）在触电急救切断电源的过程中，救护者应注意防止自身触电，同时还应防止对触电者造成二次伤害。

实训二十一　单人徒手心肺复苏

一、实训目的

通过实训，使训练者掌握徒手心肺复苏的操作方法。

二、实训器材

（1）触电急救仿真人体模特。

（2）急救场地及常用急救用品。

三、实训内容

步骤一　将触电者平放在硬地面或硬木板上，解开其衣扣和腰带，使其仰面平躺。

步骤二　用手摸颈动脉的方法确认其心跳是否存在。具体操作方法是：救护者将中、食指并拢，指尖从喉结处向颈外侧软组织处触摸。确认心跳停止，马上进行胸外心脏按压。

步骤三　救护者跪跨在触电者腰部两侧，两手相叠，手掌根部放在其心窝上方、胸骨以下横向 1/2 处，双臂肘关节伸直，利用人体上身的重量垂直下压。对成人的按压幅度为 4～5cm，速率以每分钟 100 次为宜。每个循环需连续按压 15 次。

步骤四　畅通气道。拿掉触电者假牙，清除其口中脏物，再用一只手托住其颈部，使头部后仰。

步骤五　救护者用一只手捏住触电者的鼻子，深呼吸后对其进行口对口吹气。吹气完毕立即离开口部，松开鼻子让其呼气。人工呼吸 5s 一个循环，吹气 2s，呼气 3s。人工呼吸 2 次后，再进行胸外心脏按压。

步骤六　完成 5 次循环后，可停下来判断一下心跳、呼吸的恢复情况，如未恢复，还需按此方法继续抢救。若颈动脉已有脉动，但呼吸未恢复，则要暂停按压，继续进行口对口人工呼吸抢救，每隔 5s 吹气一次，直至完全恢复。

步骤七　心肺复苏法抢救结束后，应妥善安置触电者，并做好安抚工作，需要时应及时送医院治疗。

四、注意事项

（1）心肺复苏法抢救应在现场就地进行，不要随便移动触电者。若确需移动，抢救中断时间不应超过 30s。

（2）判断颈动脉搏动情况宜采用单侧触摸，判断时间不少于 5s。

（3）若一次循环连续按压 15 次效果不佳，可改为连续按压 30 次。

（4）救护者必须精神饱满、尽心尽责。触电者未经医生确认死亡前，不得轻易放弃抢救。

实训二十二　灭火器的选择和使用

一、实训目的

通过实训，使训练者掌握常用灭火器的选择与使用方法。

二、实训器材

（1）灭火器（二氧化碳灭火器、干粉灭火器、泡沫灭火器等）。

（2）仿真模拟火情场景。

三、实训内容

步骤一　检查灭火器的质量。主要检查灭火器是否有出厂合格证，灭火器压力是否正常，铅封、瓶体和喷管是否正常。

步骤二　判断火情和风向，选择合适的灭火器迅速赶赴灭火现场，做好灭火准备。

步骤三　灭火操作。操作时需注意：

（1）操作者必须站在火源的上风处。

（2）根据火势情况，距离火源3～6m处迅速拉下安全环。

（3）选择合适的灭火器进行灭火。

① 二氧化碳灭火器灭火。常用的二氧化碳灭火器分为手轮式和鸭嘴式。使用手轮式灭火器灭火时，应一只手提起提把，翘起喷嘴，另一只手紧握启闭阀压把，再按下压把打开启闭阀，侧身将喷嘴对准火源根部，由近往远扫射灭火。使用鸭嘴式灭火器灭火时，用一只手拔出鸭嘴式开关的保险销，握住喷嘴根部，另一只手将上鸭嘴往下压，就可使二氧化碳喷出灭火。

② 干粉灭火器灭火。干粉灭火器常采用压把法灭火。使用前先把灭火器摇动数次，或将灭火器上下颠倒几次，使瓶内的干粉松动；然后拔下保险销，对准火焰根部，压下压把，即可喷射出干粉灭火。注意：在使用时，手压住压把不能松开，灭火器还应始终保持直立状态，不得横卧或颠倒使用。

③ 泡沫灭火器灭火。泡沫灭火器适用于油类及一般物质的初起灭火。使用前，先将灭火器颠倒过来，使其呈垂直状态，再用力上下晃动几下；灭火时，手握喷嘴，压下手柄，侧身将喷嘴对准火焰根部由近至远扫射即可。注意：泡沫灭火器不可用于扑灭带电设备的火灾；化学泡沫灭火器使用时应始终保持倒置状态，否则会中断喷射；空气泡沫灭火器在使用时应保持直立状态，不可倒置；泡沫灭火器不宜用于扑救水溶性液体（如甲醇、乙醇等）的火灾，此类型火灾必须使用干粉灭火器来灭火。

四、注意事项

（1）根据国家《火灾分类》标准，依据不同的火灾类别选择合适的灭火器灭火。

① A类火灾灭火器选择。A类火灾指固体物质火灾，如木材、棉、麻、纸张火灾等。该类火灾应优先选用干粉灭火器和泡沫灭火器。

② B类火灾灭火器选择。B类火灾指液体和可熔化的固体火灾，如汽油、原油、甲醇、

乙醇、沥青火灾等。该类火灾应优先选用干粉灭火器和二氧化碳灭火器。扑救水溶性 B 类火灾不得使用化学泡沫灭火器。

③ C 类火灾灭火器选择。C 类火灾指气体火灾，如煤气、天然气、甲烷、氢气火灾等。该类火灾应优先选用干粉灭火器、二氧化碳灭火器。

④ D 类火灾灭火器选择。D 类火灾指金属火灾，如钾、钠、镁、铝镁合金火灾等。该类火灾应优先选用干粉灭火器。

⑤ 扑救带电设备火灾，应优先选用干粉灭火器、二氧化碳灭火器及 1211 灭火器。

（2）灭火时，人员一定要站在上风处，离火源的距离应合适。

（3）使用泡沫灭火器时不要将灭火器的盖或底对着人体，防止盖、底弹出伤人。

（4）冷天使用二氧化碳灭火器时，持灭火器喷筒的手应握在胶质喷管处，防止冻伤。

（5）在同一灭火配置场所，当选用同一类型灭火器时，宜选用操作方法相同的灭火器。

（6）灭火器应放置在通风、干燥、阴凉、取用方便的地方。

低压电工作业重点复习题

1．电流是由电子的定向运动形成的，串联电路中电流处处相等，总电压是各电阻分压之和。这个说法对吗？

2．几个电阻并联后的总电阻等于各并联支路电阻的倒数之和。这个说法对吗？

3．低压电器通常是指工作在交流 1 000V、直流 1 200V 及以下的电器，可分为几大类？

4．热继电器主要用于过载保护，不具有频率自动调节功能。这个说法对吗？

5．断路器属于手动电器还是自动电器？

6．电动式时间继电器的延时时间不受电压波动与环境温度的影响。这个说法对吗？

7．电容器放电负载能否装熔断器和开关？

8．用万用表检测电容器时，指针指向右端不回摆说明电容器已短路。这个说法对吗？

9．电流表内阻越小越好，应采用串联接法。电压表情况又如何呢？

10．指针式万用表主要由表头、测量线路、转换开关三个部分组成，万用表使用结束后将转换开关置于什么位置合适？

11．万用表测电阻时，指针落在刻度盘中间位置较准确。测电流与电压的情况又如何呢？

12．兆欧表主要由手摇直流发电机和磁电式比率表组成，它能否带电测量？

13．用兆欧表测电动机对地绝缘电阻时，表笔"L"搭绕组端，"E"搭外壳，手摇速度以每分钟多少转为宜？

14．接地电阻测试仪主要由手摇发电机、电流互感器、电位器及检流器组成。测接地电阻时，电位探针应在距接地极多少米处合适？

15．漏电保护器 RCD 后面的中性线是否能接地？

16．三相交流电动机转子与定子要同时通电才能工作。这个说法对吗？

17．三相电动机星形接法，当电源线电压是 380V 时，其绕组相电压是多少伏？

18．交流接触器的机械寿命达 600～1000 万次，电寿命是它的几分之几？

19．在温度不变的情况下，通过导体的电流与加在导体上的电压成正比，与导体的电阻成反比。这个说法对吗？

20．用常用电工仪表测出的交流电压、交流电流值指的是什么值？

21．胶盖开关和组合开关不适合直接控制 5.5kW 以上的电动机，这类开关的额定电流应选电动机额定电流的多少倍为宜？

22．磁力线是闭合曲线，小磁针北极所指的方向为磁力线方向。这个说法对吗？

23．在闭合电路中，电流与电动势成正比，与电路中电源内阻和负载电阻之和成反比。这个说法对吗？

24．对称三相电源是由振幅相同、初相依次相差 120°的正弦电源连接组成的供电系统。这个说法对吗？

25．导线接头的绝缘强度应与原来一致，抗拉强度应不小于原导线的百分之多少？

26．再生发电制动只用于电动机转速高于同步转速的场合。这个说法对吗？

27．当灯具高度达不到允许高度时，应选用 24V 以下电压。这个说法对吗？

28．使用竹梯作业时，梯子与地面夹角多少度为宜？

29．用电笔验电时，电笔发光说明线路一定有电吗？

30．民用住宅能否装设床头开关？

31．根据通过人体反应状态的不同，电流可分为感知电流、摆脱电流和室颤电流。其中，室颤电流为多少毫安？

32．RCD 的额定动作电流是指能使 RCD 动作的最大电流。这个说法对吗？

33．常用绝缘用具有哪些？

34．星—三角降压起动是起动时把电动机接成星形，起动结束后再转为三角形全压运行，其起动转矩是三角形全压运行时的几分之几？

35．在高压操作中，无遮拦作业的人体及所携带工具与带电体之间的距离应不小于多少米？

36．选用断路器时，其额定通断能力应大于或等于被保护线路中可能出现的最大负载电流。这个说法对吗？

37．吊灯安装在桌子上方时与桌子的垂直距离应不小于 1.5m。这个说法对吗？

38．在相同条件下交流电比直流电对人体的危害大。这个说法对吗？

39．在低压配电系统中，刀开关因为没有可靠的灭弧装置，主要用于电源隔离，不能带负荷断电。这个说法对吗？

40．三相交流电源相序的导线颜色分别是"黄、绿、红"，保护线是"黄、绿双色线"，直流电源正极用什么颜色表示？

41．并联电容器所接的线停电后必须断开电容器组。这个说法对吗？

42．中间继电器是一种动作与释放值都可以调节的电压继电器。这个说法对吗？

43．并联电容器的作用是提高线路功率因素，是不是并联的电容越多越好？

44．电动式时间继电器的延时时间是否受电压波动及环境温度变化的影响？

45．标准要求接地电阻一般不超过 4Ω，防雷接地装置和重复接地装置接地电阻不超过 10Ω，防静电接地电阻不超过多少？

46．标准规定多少千瓦以上的电动机要采用三角形接法？

47．对颜色有较高要求的场所，应选用什么照明灯具？

48．"禁止合闸、有人工作"警示牌的颜色是怎样的？

49．我国超高压线路基本上是架空敷设的。这个说法对吗？

50．为了安全可靠，所有开关都要同时控制相线和零线。这个说法对吗？

51．用钳形电流表测电流时应将导线置于钳口中间，可以减少测量误差。这个说法对吗？

52．磁电式仪表有可动线圈，电磁式仪表有固定线圈和动静铁片，其他如指针、游丝等的结构大致相同。这个说法对吗？

53．什么仪表可以直接用于交、直流电测量且精度高？

54．漏电开关跳闸后是否允许采用分路停电再送电的方法检查线路？

55．在爆炸危险场所应采用什么配电方式供电？

56．保护接地是 IT 系统，保护接零是 TN 系统，TT 系统又是怎样的呢？

57．当架空线路与爆炸危险环境临近时，其间距不得小于杆塔高度的多少倍？

58．几种线路同杆架设时，应满足什么要求？

59．电动机铭牌上标注的额定电压是线电压，额定电流是线电流，其额定功率是什么功率？

60．通电线圈产生的磁场方向除了与电流方向有关，还与什么有关？

61．载流导体在磁场中将受到磁场力的作用，其大小与导体长度有何关系？

62．电工原理中确定感应电流的方向用右手定则，确定电磁力方向用左手定则，安培定则又叫什么定则？

63．照明线路熔断器熔体额定电流取该照明线路计算电流的多少倍为宜？

64．每一条照明支路的总容量不宜大于多少千瓦？

65．组合开关用于电动机可逆控制时，必须在电动机完全停转后才允许反向接通。这个说法对吗？

66．在电气线路安装时，哪种导线连接工艺最容易引发火灾？

67．漏电开关只在有人触电时才会动作。这个说法对吗？

68．重复接地的作用是减轻触电事故的危险性，是否包括减轻线路过负荷的危险？

69．Ⅰ类设备的绝缘电阻不低于 2MΩ，Ⅱ类设备是具有"双重绝缘"的设备，其绝缘电阻应不低于多少？

70．人体电阻大约为 1 700Ω，而人体内电阻约为多少？

71．7.5kW 以上的电动机要求降压起动，当电动机容量小于变压器容量多少时可以允许直接起动？

72．热继电器保护特性与电动机过载特性贴近是为了充分发挥电动机的什么能力？

73．拉开闸刀时如出现电弧，应如何处理？

74．避雷针和避雷带是防止雷电破坏电力设备的主要措施。这个说法对吗？

75．雷电时应禁止进行屋外高空检修、试验和屋内验电工作。这个说法对吗？

76．雷电的破坏主要有电作用破坏、热作用破坏、机械作用的破坏，雷电的形式有直击雷、感应雷和球形雷。这个说法对吗？

77．基尔霍夫第一定律是接点电流定律，是用来证明电路中各电流之间关系的定律。这个说法对吗？

78．接地线必须由截面积不小于多少的裸铜软线制成？

79．事故照明是否允许和其他照明共用线路？

80．剩余电流动作装置（漏电开关）主要用于多少伏以下的低压线路？

81．引起绝缘电气性能过早恶化的主要原因是什么？

82．防止电气火灾用的漏电保护器的动作值整定为 300mA，成套开关柜上漏电保护器的动作值整定为 100mA，家用漏电保护器属于高灵敏的元器件，其动作值应整定为多少毫安？

83．固体物质的电阻大容易产生静电积累，对于容易产生静电的场所其湿度应保持在多少以上？

84．漏电保护器和漏电开关都不应装在大电流母线附近。这个说法对吗？

85．对可能存在跨步电压的室内接地故障点进行检查时，不得接近故障点多少米以内？

86．旋转电器着火时，能否用干粉灭火器灭火？

87．干粉灭火器适用于多少千伏以下的线路灭火？

88．稳压二极管工作在"反向击穿状态"，是不是只要一加上反向电压，稳压二极管就会反向击穿？

89．电工在登杆之前应对脚扣进行何种试验？

90．10kV 高压带电灭火时，灭火器喷嘴和机体距带电体应不小于多少米？

91．接在线路中尚未使用的电流互感器二次线圈应如何处理？

92．从左手到双脚的触电电流与时间的乘积为多少时就有生命危险？

93．固态物体静电可达 200kV 以上，人体静电可达 10kV 以上。这个说法对吗？

94．静电现象的最大危害是什么？

95．熔断器在电动机回路中只能用于短路保护，其保护特性称为什么特性？

96．保证电气作业安全的组织措施是"工作许可制度"，那么其技术措施又是什么呢？

97．电动机与电气线路的冷态绝缘电阻不得小于 0.5MΩ，运行中的线路和设备要求每 kV 工作电压的绝缘电阻不小于多少？

98．用电笔测量线路中插座的二个插孔，二孔都不发光说明相线断开，若二孔都发光说明什么？

99．日光灯属于气体放电光源，白炽灯和碘钨灯属于什么光源？

100．用万用表电阻挡测二极管时，测得正向电阻为几百欧姆，而反向电阻很大，说明二极管是好的。这个说法对吗？

101．能耗制动的方法是将电动机转子的动能转化为电能，并消耗在转子回路的电阻上。这个说法对吗？

102．泡沫灭火器不能带电灭火，二氧化碳灭火器只适用于 600V 以下线路的带电灭火，10kV 或 35kV 线路应选用干粉灭火器带电灭火。这些说法对吗？

103．防雷装置应沿建筑物外墙敷设，并经短途接地，如有特殊要求可以暗设。这个说法对吗？

104．挂登高板时应注意什么？

105．交流电每交变一周所需要的时间称为周期，周期 T 与频率 f 互为倒数。这个说法对吗？

106．RCD 的选择要考虑用电设备和电路正常漏电流的影响。这个说法对吗？

107．为防止跨步电压的伤害，要求防雷接地装置距建筑物出入口、人行道的最小距离不小于多少米？

108．连接电容器的导线的长期允许电流不应小于电容器额定电流的多少倍？

109．三个阻值相等的电阻串联后的总电阻是并联时的多少倍？

110．场效应管是一种单极型半导体器件。这个说法对吗？

111．电流继电器使用时应将其线圈直接连接或通过电流互感器串联在被控电路中。这个说法对吗？

112．热继电器的整定电流选取为电动机额定电流的百分之多少即可？

113．事故照明一般采用什么灯具？

114．建筑工地的用电机械设备和客房内的插座都应安装漏电保护器。这个说法对吗？

115. 我国标准规定安全电压额定值有工频 42V、36V、24V、12V、6V 五种，而工频安全电压的限值为多少伏？

116. 在金属容器内和矿井、隧道等潮湿场所应选择多少伏的安全特低电压？

117. 某四极电动机的转速是 1 440r/min，这台电动机的转差率是多少？

118. 墙边开关安装高度距地面为 1.3m；儿童活动场所的插座应用安全插座，或安装高度不低于 1.8m。这些说法对吗？

119. 送电操作的顺序是先合上电源侧隔离开关，后合上负荷开关，最后合上断路器；断电的顺序与此相反。这个说法对吗？

120. 电缆的埋设深度不低于 0.7m，绝缘电缆在使用之前应做什么试验？

121. 电伤是由电流的什么效应对人体所造成的伤害？

122. 三相对称负载接成星形时，三相总电流是多少？

123. 使用改变磁极对数来调速的电动机一般都是绕线型转子电动机。这个说法对吗？

124. 电气原理图中的所有元件均按未通电状态或无外力作用时的状态画出。这个说法对吗？

125. 画电气安装接线图时，要求同一电气元件的各部分必须画在一起。这个说法对吗？

126. 在高压操作中，无遮拦作业的人体或其所携带的工具与带电体之间的距离应不小于多少？

127. 什么是登杆作业时必备的、登高板或脚扣都要与其配合使用的保护用具？

128. 日常电气设备的维护和保养应由设备管理人员负责。这个说法对吗？

129. 并联电容器应采用什么方式连接？

130. 任何情况下，三极管都具有电流放大功能。这个说法对吗？

131. 交流 10kV 母线电压是指交流三相三线制的什么电压？

132. 在多级熔断器保护中，后级熔体的额定电流比前级大。这个说法对吗？

133. 当拉下总开关后，线路即可视为无电。这个说法对吗？

134. 电子镇流器的功率因数比电感式的高。这个说法对吗？

135. 电力线路敷设时，严禁采用突然剪断导线的办法松线。这个说法对吗？

136. 保护接零适用于什么样的配电系统？

137. 电流对人体的热效应所造成的伤害称为什么？

138. 漏电开关只有在有人触电时才会动作。这个说法对吗？

139. 有美尼尔氏症的人不能从事电工作业。这个说法对吗？

140. 笼型异步电动机转子铁芯一般采用直槽结构。这个说法对吗？

141. 雷电按其传播方式可分为直击雷和感应雷。这个说法对吗？

142. 铁壳开关安装时，要求外壳必须可靠接地。这个说法对吗？

143. 电气系统图包括电气原理图和电气安装图。这个说法对吗？

144. 电容补偿主要用在直流电路中。这个说法对吗？

145. 锡焊晶体管等弱电元件应选用多少瓦的电烙铁？

146. 单相电能表主要由铝盘、一个电流线圈和另一个什么部件组成？

147. 引起电光性眼炎的主要原因是什么？

148. 断路器是通过什么装置使开关跳闸的？

149. 交流电流比交流电压滞后 90°的属于什么电路？

150. 触电者心跳、呼吸停止多少时间内抢救，有 80%几率可以救活？

151. 有人说低压验电器可以验出 500V 以下电压。这个说法对吗？

152. 日光灯启辉器起自动开关的作用，镇流器在工作中起什么作用？

153. 电动势的方向是从负极指向正极。这个说法对吗？

154. 纯电容元件在电路中消耗电能还是储存电能？

155. 三相四线制电路中，零线截面积一般大于还是小于相线截面积？

156. 电力线路可分为配电线路和什么线路？

157. 万用表实质上是一个带有整流器的什么仪表？

158. 半导体电路中选用快速熔断器主要用于什么保护？

159. 低压电容器通常使用什么作为放电负载？

160. 1 000V 以上的电容器应采用什么电器并接成三角形作为放电负载？

161. 220V 交流电压的最大值是 380V。这个说法对吗？

162. 钳形电流表可以在什么情况下使用？

163. 危险场所的吊灯与地面的距离不小于 3m。这个说法对吗？

164. 三相交流电动机的转子和定子要同时通电才能工作。这个说法对吗？

165. 并联电容器后可以起到减少电压损失的作用。这个说法对吗？

166. 确定正弦量的三要素是什么？

167. 脑细胞缺氧超过多长时间就会导致脑死亡？

168. 对颜色有较高要求的场所宜采用什么灯？

169. 高压变电站通常采用什么装置避雷？

170. 穿钢管的绝缘铜芯导线，其截面积应不小于多少？

171. 落地插座与暗装的开关及插座都应有盖板。这个说法对吗？

172. 熔断器的特性是通过熔体的电压值越高，熔断时间越短。这个说法对吗？

173. 检查电容器时，只要检查电压是否符合要求即可。这个说法对吗？

174. 采用安全特低电压做直接电击防护时，应选用 25V 及以下的电压。这个说法对吗？

175. 触电事故是由电能的电流形式作用于人体造成的事故。这个说法对吗？

176. 装了漏电开关后，设备外壳就不需要再接地或接零了。这个说法对吗？

177. 交流发电机是应用电磁感应的原理发电的。这个说法对吗？

178. 正确选用电器应遵循两个原则，一个是安全原则，另一个是什么原则？

179. 移动电气设备的电源应采用高强度铜芯橡皮护套硬绝缘电缆。这个说法对吗？

180. 设备运行中发生起火，电流热量是间接原因，火花或电弧是直接原因。这个说法对吗？

181. 当低压电气火灾发生时，首先应做的是什么？

182. 测量大容量设备吸收比是测量 60s 时的绝缘电阻与 15s 时的绝缘电阻之比。这个说法对吗？

183. 单相 220V 电源供电的电气设备应选用三极式漏电保护装置。这个说法对吗？

184. 碳在自然界中有金刚石和石墨两种存在形式，其中石墨是导体还是绝缘体？

185. 建筑施工工地的用电机械设备是否应该安装漏电保护装置？

186．当一个熔断器保护一盏灯时，熔断器应串联在开关的什么位置？

187．对容易产生静电的场所，应保持地面潮湿或铺设导电性好的地板。这个说法对吗？

188．电气原理图中的所有元件均按未通电状态或无外力作用时的状态画出。这个说法对吗？

189．电压继电器使用时，其吸引线圈直接连接或通过电压互感器如何连接在被控电路中？

190．隔离开关承担接通和断开电流的任务，将电路与电源隔开。这个说法对吗？

191．有人说 PN 结正向导通时，其内、外电场方向一致。这个说法对吗？

192．在民用建筑物的配电系统中，一般采用什么保护电器？

193．保险绳的使用应遵循什么原则？

194．画电气原理图时，当触点图形垂直放置时，应按什么原则绘制？

195．万能转换开关的基本结构包括什么系统？

196．在三相对称交流电源中，线电压超前于对应的相电压多少度？

197．有人说可以用相线碰地线的方法检查地线是否接地良好。这个说法对吗？

198．交流接触器的额定电压是指在规定条件下能保证电器正常工作的什么电压？

199．将一根导线拉长为原来的 2 倍，其拉长后的电阻是原来电阻的多少倍？

200．停电作业安全措施按保安作用依据安全措施分为预见性措施和防护措施。这个说法对吗？

201．装设接地线时，当验明无电压后应立即将检修设备接地，并要进行几相短接？

202．有人说高压水银灯的电压比较高，所以叫高压水银灯。这个说法对吗？

203．车间电气火灾发生时，首先应采取什么措施？

204．使用避雷针、避雷带是防止雷电破坏电力设备的主要措施。这个说法对吗？

205．静电防护的措施较多，其中最常用又行之有效的消除设备外壳静电的方法是什么？

206．带电灭火时，若用喷雾水枪应将水枪喷嘴接地，并穿上绝缘靴和带上绝缘手套才可以进行灭火操作。这个说法对吗？

207．电容器更换熔体和熔管必须在什么情况下进行？

208．Ⅱ类手持电动工具是带有双层绝缘的设备，在狭窄场所（如锅炉、金属容器和管道内）应使用几类工具？

209．三相异步电动机转子导体中感应电流的方向用右手定则判定，而转子导体所受电磁力的方向要用左手定则来判定。这个说法对吗？

210．电动机按铭牌数值工作时，短时运行的工作制用 S2 表示，而铭牌上的频率是指供给电动机的电源频率。这些说法对吗？

211．绝缘体被击穿时的电压称为击穿电压，低压绝缘材料的耐压等级一般为 500V。这个说法对吗？

212．TT 系统是配电网中性点直接接地，而用电设备外壳也采用接地措施的系统，TN—S 是什么意思？

213．漏电保护器 RCD 的选择必须考虑用电设备和电路正常泄漏电流的影响，高灵敏的 RCD 整定电流应不大于多少安？

214．常用低压电器绝缘材料的耐压等级一般为 E 级，其极限工作温度为多少度？

215．导线接头缠绝缘胶布时，后一圈压在前一圈胶布宽度的什么位置为好？

216. 电容器组禁止带电荷合闸，为了检查可以短时停电，但在触及电容器前必须充分放电。这个说法对吗？

217. 不同电压的插座应有明显区别，螺口灯头的台灯应采用三孔插座。这个说法对吗？

218. 照明线路熔断器熔体的额定电流取线路计算电流的 1.1 倍为宜，一般照明场所的线路允许电压误差为额定电压的百分之几？

219. 特种作业人员必须年满 18 岁，通过安全技术培训，取得特种作业操作证后方可上岗作业，特种作业操作证有效期为 6 年。这个说法对吗？

220. 特种作业操作证必须每 3 年复审一次，如特种作业人员在操作证有效期内连续从事本工种 10 年以上，且无违法行为，其操作证复审时间可延长至几年？

221. 导线的工作电压应大于其额定电压。该说法对吗？

222. 在供配电系统和设备自动系统中，刀开关通常用于电源隔离。该说法对吗？

223. 交流钳型电流表可测量交直流电流。该说法对吗？

224. 安全可靠是对任何开关电器的基本要求，选用电器应遵循的经济原则是本身的经济价值不至因运行不可靠而产生损失。该说法对吗？

225. 如电容器运行时，检查发现温度过高，应加强通风。该说法对吗？

226. 验电是保证电气作业安全的技术措施 之一。该说法对吗？

227. 水和金属比较水的导电性更好。该说法对吗？

228. 移动电气设备可以参考手持电动工具的有关要求进行使用。该说法对吗？

229. 从过载角度出发，规定了熔断器的额定电压。该说法对吗？

230. 行程开关的作用是将机械行走的长度用电信号传出。该说法对吗？

231. 热继电器的双金属片弯曲的速度与电流大小有关，电流越大速度越快这种特性称正比时限特性。该说法对吗？

232. 分断电流能力是各类刀开关的主要参数之一。该说法对吗？

233. 一般情况下，接地电网的单相触电比不接地电网小。该说法对吗？

234. 手持电动工具有两种分类方式，即按工作电压分类和按防潮程度分类。该说法对吗？

235. 10kV 以下运行的阀型避雷器的绝缘电阻应每年测量一次。该说法对吗？

236. 照明系统中的每一单相回路上，灯具与插座的数量不宜超过多少个？

237. 电磁力的大小与导体的有效长度 成什么关系？

238. 什么式仪表可直接用于交、直流测量，但精度较低？

239. 电流继电器是使用时其吸引线圈直接或通过电流互感器如何连接在被控电路中？

240. 什么防护用具可用于操作高压跌落式熔断器、单极隔离开关及装设临时接地线？

241. 电气火灾的引发是由于危险温度的存在，危险温度的引发主要是由于什么原因引起？

242. 静电引起爆炸和火灾的条件之一主要是什么？

243. 三相笼型异步电动机的启动方式有两类，即在额定电压下的直接启动和什么启动？

244. 当电气火灾发生时，应首先切断电源再灭火，当电源无法切断时，只能带电灭火，500V 低压配电柜灭火可选用的灭火器是哪一种？

245. 利用交流接触器作欠压保护的原理是当电压不足时，线圈产生的什么不足触头分断？

246．摇表的两个主要组成部分是手摇什么电机和磁电式流比计？

247．在接触器、熔断器、电阻器中属于配电电器的是哪一种？

248．三相异步电动机按其什么的不同可分为开启式、防护式、封闭式三大类？

249．钳型电流表是由电流互感器和带什么装置的磁电式仪表组成？

250．电压继电器使用时，其吸引线圈直接或通过电压互感器如何连接在被测电路中？

251．变压器和高压开关柜，防止雷电侵入产生破坏的主要措施是什么？

252．一般照明的电源优先选用多少伏？

253．什么式仪表由固定线圈、可转动的线圈及转轴、游丝、指针、机械调零机构等组成？

254．熔断器的额定电流是大于还是小于电动机的启动电流？

255．相线应接在螺口灯头的什么位置？

256．电容器可用万用表什么档进行检查？

257．在均匀磁场中，通过某一平面磁通量最大时，这个平面就和磁力线成什么关系？

258．串联电路中各电阻两端电压跟电阻有什么关系？

259．用于电气作业书面依据的工作票应一式几份？

260．新装或未使用过的电机在通电前必须先做绕组绝缘电阻检查，笼型异步电动机采用电阻降压启动时，启动次数有什么要求？

261．电机异常发响发热的同时，转速急速下降，应立即切断电源停机检查。该说法对吗？

262．在建筑物、电气设备和构筑物上能产生电效应、热效应和机械效应，具有较大破坏作用的雷是什么雷？

263．具有反时限安秒特性的元件除具有短路保护外，还具有什么保护能力？

264．对照电机与其铭牌检查，主要是频率、定子绕组的连接方法和什么？

265．Ⅱ类设备和Ⅲ类设备都要采取接地或接零措施。该说法对吗？

266．单相220V电源供电的电气设备应选用三极式漏电保护装置。该说法对吗？

267．接触器的文字符号是KM、熔断器的文字符号是FU、热继电器的文字符号是FR这些说法都对吗？

268．带电体的工作电压越高，要求其间的空气距离越大。该说法对吗？

269．电压表在测量时，量程要大于等于被测线路电压。该说法对吗？

270．按钮的文字符号是SB、时间继电器的文字符号是KT、断路器的文字符号是QF。这些说法都对吗？

271．对于在易燃、易爆、易灼烧及有静电发生的场所作业的工作人员，不可以发放和使用化纤防护用品。该说法对吗？

272．建筑施工工地的用电机械设备应安装漏电保护装置，漏电保护装置主要用于多少伏以下的低压系统？

273．电气火灾发生时应先断电再灭火，一时找不到开关应剪断电线，剪切时应注意什么？

274．石油运输槽车底部采用金属链条或导电橡胶使之与大地接触的目的是什么？

275．右手定则是判定直导体做切割磁力线运动时产生的感应电流方向。该说法对吗？

276．交流接触器的额定电流，是在额定的工作条件下所决定的电流值。该说法对吗？

277．使用万用表测量电阻每换一次欧姆挡都要进行欧姆调零。该说法对吗？

278．实验对地电压为50V以上的带电设备时，氖泡式低压验电器就显示有电。说法对吗？

279. 绝缘安全用具分为基本安全用具和辅助安全用具，绝缘鞋只能作什么安全用具？

280. 尖嘴钳的规格是以总长度表示的，螺丝刀的规格是以柄部外面的杆身长度和什么表示？

281. 低压配电屏是按一定的接线方案将有关低压一、二次设备组装起来，每一个主电路方案对应一个或多个辅助方案，从而简化了工程设计。该说法对吗？

282. 漏电断路器在被保护电路中有漏电或有人触电时，零序电流互感器就产生感应电流，经放大使脱扣器动作，从而切断电路。该说法对吗？

283. 熔断器的特性是通过熔体的电压值越高，熔断时间越短。该说法对吗？

284. 在三相交流电路中，负载为三角形接法时，其相电压等于三相电源的线电压。该说法对吗？

285. 为保证零线安全，三相四线电路的总零线必须加装熔断器。该说法对吗？

286. 从过载角度出发，规定了熔断器的额定电压。该说法对吗？

287. 热继电器的保护特性在保护电动机时，应尽可能与电动机的过载特性贴近。该说法对吗？

288. 隔离开关是指承担接通和断开电流任务，将电路与电源隔开。该说法对吗？

289. 螺旋式熔断器的电源进线应接在下端，更换熔体和熔管必须在不带电情况下进行。该说法对吗？

290. 三相电动机的转子和定子要同时通电才能工作。该说法对吗？

291. 异步电动机的转差率是旋转磁场的转速与电动机转速之差与旋转磁场的转速之比。该说法对吗？

292. 对电动机轴承润滑的检查，可通电转动转轴，看是否转动灵活，听有无异声。该说法对吗？

293. 交流接触器的额定工作电压，是指在规定条件下，能保证电器正常工作的什么电压？

294. 导线接头的电阻要足够小，与同长度同截面的电阻比应不大于1。该说法对吗？

295. 铜线与铝线在需要时可以直接连接。该说法对吗？

296. 在易燃易爆炸场所，电气线路应采用什么方式或铠装电缆敷设？

297. 在爆炸和火灾危险场所，应尽量少用和不用携带式电气设备。该说法对吗？

298. 导体电阻随着电压的变化而变化。该说法对吗？

299. 漏电开关只在有人触电时才会动作。该说法对吗？

300. 转子串频敏变阻器启动的转矩大，适合重载启动。该说法对吗？

301. 笼型异步电动机转子铁心一般采用直槽结构。该说法对吗？

302. 在半导体电路中，主要选用快速熔断器做什么保护？

303. 为了安全起见，所有开关均应同时控制相线和零线。该说法对吗？

304. 热继电器的双金属片是由一种热膨胀系数不同的金属材料辗压而成。该说法对吗？

305. 可以用相线碰地线的方法检查地线是否接地良好。该说法对吗？

306. 刀开关在作隔离开关选用时，要求刀开关的额定电流要大于或等于线路实际故障电流。该说法对吗？

307. 电容器的放电方法就是将二端用导线连接起来。该说法对吗？

308. 导线的中间接头采用铰接时，先在中间互绞几圈？

309. 万能转换开关的基本结构有触点系统，行程开关的组成包括有什么系统？

310. 变配电设备应有完善的屏护装置。该说法对吗？

311. 电气控制系统图，包括电气原理图和电气安装图。该说法对吗？

312. 当发现电容器有损伤或缺陷时，应该如何处理？

313. 在电力控制系统中，使用最广泛的是什么式交流接触器？

314. 一般线路中的熔断器有什么保护？

315. 使用万用表电阻档能够测量变压器的线圈电阻。该说法对吗？

316. 改变转子电阻调速这种方法只适用于绕线式异步电动机。该说法对吗？

317. 正弦交流电的周期与角频率互为倒数。该说法对吗？

318. 载流导体在磁场中一定受到磁场力的作用。该说法对吗？

319. 通用继电器可以更换不同性质的线圈，从而将其制成各种继电器。该说法对吗？

320. 交流接触器常见的额定最高工作电压达到 6000V。该说法对吗？

321. 对绕线式异步电动机应经常检查电刷与集电环的接触集电刷的磨损、压力、电火花等情况。该说法对吗？

322. 路灯的各回路应有保护，每一灯具宜设单独熔断器。该说法对吗？

323. 为安全起见，更换熔断器时最好断开负载。该说法对吗？

324. 接了漏电开关后，设备外壳就不需要再接地或接零了。该说法对吗？

325. 绝缘老化只是一种化学变化。该说法对吗？

326. 如果电容器运行时，检查发现温度过高，应加强通风。该说法对吗？

327. 测量交流电路的有功电能时，因是交流电，故其电压线圈、电流线圈各两个端可以任意接在线路上。该说法对吗？

328. 用钳表测量电动机空转电流时，不需要档位变换，可直接进行测量。该说法对吗？

329. 电气原理图中的元件，均按未通电状态或无外力作用时的状态画出的。该说法对吗？

330. 除独立避雷针外，在接地电阻满足要求的前提下，防雷接地装置可以和其他接地装置共用。该说法对吗？

331. 雷电后造成架空线路产生高电压冲击波，这种雷称为直击雷。该说法对吗？

332. 在设备运行中，发生起火的原因，电流热量是间接原因，而火花和电弧是直接原因。该说法对吗？

333. 在高压线路发生火灾时，应采用有相应绝缘等级的绝缘工具，迅速拉开隔离开关，切断电源，选择二氧化碳或者干粉灭火器进行灭火。该说法对吗？

334. SELV 只作为接地系统的电击保护。该说法对吗？

335. 绝缘棒在闭合或拉开高压隔离开关和跌落式熔断器、装拆携带式接地线、以及进行辅助测量和试验时使用。该说法对吗？

336. 在带电灭火时，如果用喷雾水枪应将水枪喷嘴接地，并穿上绝缘鞋和戴上绝缘手套，才能进行灭火操作。该说法对吗？

337. 在安全色标中用红色表示禁止、停止或消防；绿色表示安全、通过、允许、工作。该说法都对吗？

338. "止步，高压危险"的标志牌的式样是：白底红边黑字有红色箭头。该说法对吗？

339. "禁止攀登，高压危险"的标志牌式样是：白底、红边、黑字。该说法对吗？

340．断路器在选用时，要求线路末端单相对地短路电流要大于或等于 1.25 倍断路器的瞬时脱扣器整定电流。该说法对吗？

341．脱离电源后，触电者神志清醒，应让触电者来回走动，加强血液循环。该说法对吗？

342．30～40Hz 的电流危险性最大。该说法对吗？

343．使用电气设备时，由于导线截面选择过小，当电流较大时也会因发热过大而引发火灾。该说法对吗？

344．电动机在额定状态下运行时，定子电路所加的什么电压叫额定电压？

345．笼型异步电动机降压启动是指启动时降低定子绕组上的电压，电动机转矩与电压的平方成什么比例？

346．什么样的电机在通电前必须先做各绕组的绝缘电阻检查，合格后才能通电？

347．日光灯属于气体放电光源，电感式镇流器的内部是什么？

348．自动切换电器是依靠本身参数的变化或外来讯号而自动进行工作的。该说法对吗？

349．当电气设备发生接地故障，接地电流通过接地体向大地流散，若人在接地短路点周围行走，其两脚间的电位差引起的触电叫什么触电？

350．铁壳开关可用于不频繁启动 28kW 以下的三相异步电动机。该说法对吗？

351．速度继电器主要用于电动机的反接制动，所以也称反接制动继电器。该说法对吗

352．漏电保护断路器在设备正常工作时，电路电流的向量和为何值时开关保持闭合状态？

353．一般情况下，220V 工频电压作用下，人体的电阻为多少 Ω？

354．断路器的选用，应先确定断路器的什么？然后才进行具体参数的确定。

355．概率为 50% 时，成年男性的平均感知电流约为 1.1mA，最小为 0.5mA，成年女性均为 0.6mA。该说法对吗？

356．当接通灯泡后，零线上就有电流，人体就不能再触摸零线了。该说法对吗？

357．用钳表测量电动机空载电流时，不需要档位变换可直接进行测量。该说法对吗？

358．电容器室内要有良好的天然采光，当电容器爆炸时，应立即检查。这些说法对吗？

359．并联电容器有减少电压损失的作用，电感式负载并联电容器后，电压和电流之间的电角度会减小。这些说法对吗？

参考答案

1．对。

2．不对。

3．分为配电电器和控制电器两大类。

4．对。

5．自动电器。

6．对。

7．不能。

8．对。

9．电压表内阻越大越好，应采用并联接法。

10．置于交流电压最高挡。

11．指针在 2/3 位置处较准确。

12．不能。

13．120 转。

14．20m。

15．不能。

16．不对。

17．220V。

18．1/20。

19．对。

20．有效值。

21．2～3 倍。

22．对。

23．对。

24．不对。

25．90%。

26．对。

27．不对。

28．60°。

29．不一定。

30．不能。

31．50mA。

32．不对。

33．绝缘手套、绝缘鞋、绝缘隔板、绝缘垫、绝缘台等。

34．1/3。

35．0.7m。

36．不对。

37．不对。

38．对。

39．对。

40．棕色。

41．对。

42．不对。

43．不是。

44．不受。

45．100Ω。

46．4kW。

47．白炽灯。

48．白底、红字。

49．对。

50．不对。

51．对。

52．对。

53．电动式仪表。

54．允许。

55．单相三线制和三相五线制。

56．是电源中性点已接地、设备外壳又继续接地的系统。

57．1.5 倍。

58. 高压线在最上方，低压电力线在中间，通信线在最下方。

59. 是电动机允许的输出功率。

60. 与线圈绕向有关。

61. 成正比关系。

62. 右手螺旋定则。

63. 1.1 倍。

64. 3kW。

65. 对。

66. 铜线与铝线绞接。

67. 不对。

68. 不包括。

69. 7MΩ。

70. 500Ω。

71. 20%。

72. 过载。

73. 迅速拉开。

74. 不对。

75. 对。

76. 对。

77. 对。

78. 25mm²。

79. 不允许。

80. 1 000V。

81. 绝缘材料与其工作条件不相适应。

82. 30mA。

83. 70%。

84. 对。

85. 4m。

86. 不能。

87. 50kV。

88. 不是。

89. 人体载荷冲击试验。

90. 0.4m。

91. 二端短接并接地。

92. 50mA·s。

93. 对。

94. 易引发火灾。

95. 安秒特性。

96. 验电。

97. 1MΩ。

98. 零线断开。

99. 热辐射光源。

100. 对。

101. 对。

102. 对。

103. 对。

104. 要钩口向外且向上。

105. 对。

106. 对。

107. 3m。

108. 130%。

109. 9 倍。

110. 对。

111. 对。

112. 100%。

113. 白炽灯。

114. 对。

115. 50V。

116. 12V。

117. 4%。

118. 对。

119. 对。

120. 直流耐压试验。

121. 热、化学与机械效应。

122. 等于零。

123. 不对。

124. 对。

125. 对。

126. 0.7m。

127. 安全带。

128. 不对。

129. 三角形。

130. 不对。

131. 线电压。

132. 不对。

133. 不对。

134. 对。

135．对。

136．中性点直接接地。

137．电烧伤。

138．不对。

139．对。

140．不对。

141．不对。

142．对。

143．对。

144．不对。

145．25W。

146．电压线圈。

147．紫外线。

148．脱扣装置。

149．纯电感电路。

150．1min。

151．不对。

152．降压限流。

153．对。

154．储存。

155．小于。

156．送电线路。

157．磁电式。

158．短路保护。

159．灯泡。

160．电压互感器。

161．不对。

162．不断开电路。

163．不对。

164．不对。

165．对。

166．最大值、频率、初相角。

167．8min。

168．白炽灯。

169．接闪杆。

170．1mm^2。

171．对。

172．不对。

173．不对。

174．对。

175．对。

176．不对。

177．对。

178．经济。

179．不对。

180．不对。

181．迅速设法切断电源。

182．对。

183．不对。

184．导体。

185．应该。

186．后面。

187．对。

188．对。

189．并联。

190．不对。

191．不对。

192．漏电保护断路器。

193．高挂低用。

194．左开右闭。

195．触点系统。

196．30°。

197．不对。

198．最高电压。

199．4倍。

200．对。

201．三相。

202．不对。

203．拉开断路器或磁力开关。

204．不对。

205．接地。

206．对。

207．不带电。

208．Ⅲ类。

209．对。

210．对。

211．对。

212．保护接零系统中的三相五线制。

213．0.03A。

214．120℃。

215．1/2。

216．对。

217．对。

218．±5%。

219．对。

220．6年。

221．不对

222．对

223．不对

224．对

225．不对

226．对

227．不对

228．对

229．不对

230．不对

231．不对

232．对

233．不对

234．不对

235．不对。

236．25。

237．正比。

238．电磁式。

239．串联。

240．绝缘棒。

241．电流过大。

242．有爆炸性混合物存在。

243．降低启动电压。

244．二氧化碳灭火器。

245．磁力。

246．直流发电机。

247．熔断器。

248．外壳防护方式。

249．整流装置。

250．并联。

251．安装避雷器。

252．220V。

253．电动式。

254．小于。

255．中心端子。

256．电阻。

257．垂直。

258．阻值越大，两端电压越高。

259．2。

260．不宜过于频繁。

261．对。

262．直击雷。

263．过载。

264．电源电压。

265．不对。

266．不对。

267．对。

268．对。

269．对。

270．对。

271．对。

272．1000V。

273．不同相线在不同位置剪断。

274．泄漏槽车行驶中产生的静电荷。

275．对。

276．对。

277．对。

278．不对。

279．辅助。

280．直径。

281．对。

282．对。

283．不对。

284．对。

285．不对。

286．不对。

287．对。

288．不对。

289．对。

290．不对。

291. 对。

292. 不对。

293. 最高。

294. 对。

295. 不对。

296. 穿钢管。

297. 对。

298. 不对。

299. 不对。

300. 不对。

301. 不对。

302. 短路。

303. 不对。

304. 不对。

305. 不对。

306. 不对。

307. 不对。

308. 3。

309. 反力系统。

310. 对。

311. 对。

312. 送回修理

313. 电磁。

314. 过载和短路。

315. 不对。

316. 对。

317. 不对。

318. 不对。

319. 对。

320. 不对。

321. 对。

322. 对。

323. 不对。

324. 不对。

325. 不对。

326. 不对。

327. 不对。

328. 不对。

329. 对。

330. 对。

331. 不对。

332. 不对。

333. 不对。

334. 不对。

335. 对。

336. 对。

337. 对。

338. 对。

339. 对。

340. 对。

341. 不对。

342. 不对。

343. 对。

344. 线电压。

345. 正比。

346. 新装或未用过的。

347. 线圈。

348. 对。

349. 跨步电压

350. 对。

351. 对。

352. 零。

353. 1000—2000。

354. 类型。

355. 不对

356. 不对。

357. 不对。

358. 不对。

359. 对。

参 考 文 献

[1] 钮英建. 电气安全工程[M]. 北京：中国劳动社会保障出版社，2009.

[2] 国家经贸委安全生产局. 电工作业[M]. 北京：气象出版社，2004.

[3] 曾祥富，邓朝平. 电工技能与实训[M]. 北京：高等教育出版社，2006.

[4] 国家安全生产监督管理总局培训中心. 电工作业[M]. 北京：三峡出版社，2013.

[5] 曹光华、王超、吴兆祥. 电工安全技术[M]. 合肥：安徽人民出版社，2010.

[6] 胡家炎. 电力拖动试验[M]. 北京：电子工业出版社，2015.